Standardisierungsmethoden für die Technische Dokumentation

tekom Hochschulschriften

Herausgegeben von
Jörg Hennig und Marita Tjarks-Sobhani

Band 16

Jürgen Muthig (Hrsg.)

Standardisierungsmethoden für die Technische Dokumentation

SCHMIDT RÖMHILD

Bibliografische Information der Deutschen Nationalbibliothek

Die Deutsche Nationalbibliothek verzeichnet diese Publikation in der Deutschen Nationalbibliografie; detaillierte bibliografische Daten sind im Internet über http://dnb.d-nb.de abrufbar.

ISBN 978-3-7950-7066-3

Inhalt

Einleitung: Firmenspezifische Standards als Eigenentwicklung

Jürgen Muthig

Die tekom-Frühjahrstagung 2008 stand unter dem Motto „Standardisierung versus Kreativität“. Kam in diesem Motto die Sehnsucht zum Ausdruck, dem Standardisierungswahn ein Ende zu setzen? Genug der einengenden Korsettschnürerei! Schluss mit der Vereinheitlichung auf Deibel komm raus! Weg mit dem ganzen CMS, TMS und AMS! Endlich mal wieder vor einem leeren weißen Blatt sitzen, am Federkiel kauen, vom Leser träumen, sich in einen stillen Dialog fabulieren, mit dem „User“, dem großen Unbekannten. Und dann schreiben, einfach schreiben. Ohne Formatvorlagen, ohne spitzklammrige XML-Elemente, ohne DOTs und DTDs, ohne Schemas (und ohne Fischers) und ohne die Römer, also auch ohne Ovid(ius), aber vielleicht mit Heavy-, aber sicherlich ohne X-Metal – und vielleicht, ja vielleicht sogar ganz ohne Computer.

Doch habe ich keinen einzigen Wackeren getroffen, der diesem Traum eine Stimme gegeben hätte. Der „Manual-Poet“ aus alten Tagen, er wird ein Mythos bleiben, Material für Tagträumereien, für die Sehnsucht nach alten Zeiten, die ja so schön nie waren, wie man sie in der immer flüchtigeren Gegenwart verklärt.

Doch halt! Ich erinnere mich auch an Zeiten, in denen die Standardisierung eine Sehnsucht war, weil die Aufwände der Dokumentationserstellung ohne Richtung und ohne Regeln erdrückend waren. Zeiten, in denen man davon träumte, dass es die immer leistungsfähigeren Computer der Zukunft schon richten werden, uns die Arbeit abnehmen, die Dokumentation quasi vollautomatisch erstellen und uns die Freiheit schenken, uns den höheren Dingen des Lebens zu widmen. Es waren die Vor-DTP-Zeiten des GED, des Glue-Edit-Design, als man die Bilder noch mit Schere und Uhu in die Computerausdrucke hineinpfriemelte und sich von der Weiterentwicklung der Computertechnologie Erlösung erhoffte.

Und sie entwickelte sich rasant, die Technologie der harten und der weichen Ware und mit ihr wuchs die Zahl der IT-Propheten, alle mit messianischen Heilsversprechen auf den Lippen. Auch in der Nische Technische Dokumentation ging die technologische Aufrüstung in den letzten 20 Jahren Schwindel erregend voran: Von den Großrechnern der Urzeit ging es mit Client-Server-Lösungen, Intranet, Extranet und Internet in die Moderne der Computernutzung. Die Software wurde immer leistungsfähiger, bald schon litten wir unter der Last der „Featuritis", Bahn brechende Standards setzten sich durch: SGML, HTML, XML. Damit wurde möglich, was den einen Fluch, den anderen Segen ist: Redaktions- und Content-Management-Systeme.

Die tekom-Frühjahrsumfrage 2008 verrät in den aktuellen Branchenkennzahlen[1], dass ein Drittel der befragten Redaktionen schon ein Content-Management-System einsetzt, sich also technologisch gesehen bereits im IT-Olymp der Technischen Dokumentation befindet. Diese Zahl verspricht, sich kontinuierlich zu erhöhen. Noch vor 2010 ist damit zu rechnen, dass über 50% der Technischen Redaktionen in Deutschland ein CMS implementiert haben. Nur 21,5% der Befragten sagten, dass das Thema CMS für sie derzeit keine Rolle spiele.

Doch ist das CMS schon die Lösung oder doch erst der Rohbau, der neben der glänzenden Fassade und dem wasserdichten Dach noch einen funktionstüchtigen Innenausbau braucht? Will man ein CMS, das optimal auf die firmenspezifischen Dokumentarten und Prozesse angepasst ist, dann fängt die Arbeit nach dem Systemkauf erst an.

Doch wie geht man methodisch an die Aufgabe der Informationsstrukturierung, -modularisierung und -standardisierung heran und zwar so, dass es zu den XML-basierten Redaktionssystemen passt? Eine Lösung von der Stange, die schon lange als offener OASIS-Standard zu haben ist, ist DocBook. Der Verbreitungsgrad in der Technischen Dokumentation ist mit 2,1% allerdings recht bescheiden. Der Standard der Luftfahrtindustrie S1000D wird mit 3,4% schon häufiger genutzt. Der derzeitige Hype-Favorit DITA (Darwin Information Typing Architecture) ist mit einem Verbreitungsgrad von 4,1% aber auch noch nicht auf einem Spitzenplatz zu finden. Denn dort

[1] Straub, Daniela 2008: Branchenkennzahlen für die Technische Dokumentation 2008: http://www.tekom.de/upload/alg/fruehjahrsumfrage_2008.pdf

tummeln sich mit 38,5% noch immer die firmenspezifisch entwickelten Strukturdefinitionen und Standards.[2]

Trotz der eingangs heraufbeschworenen manualpoetischen Nostalgiepose: Die Zeichen stehen auch weiterhin und wahrscheinlich noch verschärfter als bisher auf Standardisierung und Industrialisierung der Dokumentationsproduktion. Damit stellen sich für alle, bei denen der Weg zur Standardisierung noch nicht entschieden oder beschritten ist, Fragen wie: Gibt es einen Standard, der zu den Zielen meines Unternehmens und meiner Technischen Redaktion passt? Soll ich es mit DITA, DocBook, mumasy versuchen oder gibt es eine geeignete Methode, einen firmenspezifischen Standard zu entwickeln? Und was ist mit mir einzelkämpferischem Alleskönner? Muss (darf?) ich ohne Redaktionssystem leben? Und wenn ja: Muss ich dann auch auf Standardisierung verzichten?

In diesem Buch sind fünf Aufsätze versammelt, die jeweils eine in der Fachwelt bekannte Standardisierungsmethode vorstellen. Hierfür konnte ich Autoren gewinnen, die entweder selbst Urheber der jeweiligen Methode sind oder aber ausgewiesene Experten in der Lehre und Anwendung der jeweiligen Methode.

Mit diesem Band möchte ich folgende Leser ansprechen:

- Technische Redakteure, die zukünftig standardisiert technische Dokumentationen erstellen wollen und eine Orientierung suchen, wie man hier methodisch vorgehen kann.
- Verantwortliche für die CMS-Einführung, die erkannt haben, dass man die Informationsmodule im CMS idealerweise mit einer „semantischen Struktur“ ablegt und dafür eine Standardisierungsmethode braucht.
- Studierende der Technischen Redaktion, die sich Kenntnisse über Standards und Standardisierungsmethoden aneignen wollen.
- Quereinsteiger in die Technische Redaktion, die das Qualifizierungsziel tekom-Zertifizierungsprüfung anstreben und sich auf den Baustein Strukturierung und Standardisierung vorbereiten.
- Alle, die an standardisierter und strukturierter Informationsproduktion interessiert sind.

---

[2] Fritz, Michael 2008: CMS – wo geht die Reise hin? 7 Trends auf der tekom-Jahrestagung 2008. In: Newsletter zur tekom-Jahrestagung 1, S. 1-2. Dort finden sich Zahlen aus dem im November 2008 erscheinenden Ergänzungsband der Content-Management-Studie von Wolfgang Ziegler und Daniela Straub.

Der Aufsatz von Manfred Krüger und Wolfgang Ziegler hat einen Sonderstatus in diesem Band. Er stellt keine Methode vor, sondern gibt einen kenntnis- und faktenreichen Überblick über das Portefolio an *Standards für strukturierte technische Informationen*. Der Beitrag geht auf die historische Entwicklung ein und reflektiert die Bedeutung und den Nutzen existierender Standards.

Das von Robert Schäflein-Armbruster und mir entwickelte *Funktionsdesign*® basiert auf der sprachwissenschaftlichen Sprechakttheorie. Die Methode besteht aus einem Vorgehensmodell, das vier Ebenen der Standardisierung unterscheidet. Im Kern befinden sich Funktionale Einheiten, die nach sechs Festlegungskategorien feingranular definiert werden. Die Funtkionsdesign-Methode beansprucht, universell und flexibel zu sein.

Sissi Closs berichtet über die von ihr entwickelte *Klassenkonzept-Technik*®, einer Methode, die besonders gut zu topicorientierter Dokumentationserstellung für Online-Hilfen passt. Sie betont neben der Anwender- auch die Erstellungsseite und beschäftigt sich u. a. mit der Standardisierung der Beziehung zwischen Topics.

Kontrollierte Sprache ist das Thema des Beitrags von Anne Lehrndorfer und Ursula Reuther. Sie gewähren uns Einblick in die Historie Kontrollierter Sprachen und zeigen beispielhaft, was Kontollierte Sprachen ausmacht und was sie in und für die Technische Dokumentation leisten können. Gerade im Hinblick auf die Übersetzungskosten und mit der Verbreitung des Einsatzes von linguistischer Software (Language Checker) ist die methodisch entwickelte sprachliche Vereinfachung und Standardisierung von großem Interesse.

Wer einen bereits weitgehend ausgearbeiteten Standard mit fertigen Strukturen für Bedienungsanleitungen sucht, ist mit Dietrich Juhls *Zielprogrammierung* an der richtigen Adresse. Der Leser findet hier vorgefertigte, klare Muster für die Erstellung vorzugsweise handlungsorientierter Dokumente.

Die *Information Mapping*® Methode, vorgestellt von Klaus Böhler, bietet ein ausgearbeitetes Inventar aus den Informationseinheiten Block und Map, sechs Informationsarten und sieben Erstellungsprinzipien, ergänzt durch eine zielgruppenorientierte Analyse. Die Methode stammt von dem US-Amerikaner Robert E. Horn und wurde auf der Basis kognitionspsychologischer Ansätze entwickelt.

Alle diese Methoden werden in der Technischen Dokumentation seit vielen Jahren eingesetzt und haben ihre Praxistauglichkeit längst bewiesen. Dieses Buch versammelt sie jetzt erstmals in *einem* Band und gibt dem Leser so die Möglichkeit, die Methoden kontrastiv zu betrachten. Vielleicht ist in diesem Angebot auch etwas für Sie dabei.

Standards für strukturierte technische Informationen – ein Überblick

Manfred Krüger / Wolfgang Ziegler

Der Beitrag gibt einen Überblick über die in der technischen Dokumentation verwendeten Standards für die Erfassung und Verarbeitung strukturierter Informationen. Er geht dabei auf die verschiedenen Gebiete der Standardisierung, die standardisierenden Gremien sowie schwerpunktmäßig auf die in der Praxis relevanten Anwendungen von Standardstrukturen ein.

1 Einführung

1.1 Standardisierungsebenen und Strukturierung

Technische Dokumentation im Speziellen und die Publikation technischer Informationen im Allgemeinen lassen sich als „Industrieprodukt" nur durch Standardisierung handhaben. So lautet die Botschaft von Experten aus Dienstleistung und den Hochschulen. Der vorliegende Beitrag versucht, die Bedeutung und den Einsatz von standardisierten Informationsstrukturen zu beleuchten und in einen Gesamtzusammenhang mit der aktuellen Informations- und Systemlandschaft zu bringen.

Die Standardisierung von technischen Informationen umfasst unterschiedliche Ebenen. Diese Ebenen haben sich in den letzten Jahren und Jahrzehnten der Informationsentwicklung als Fundamente der „klassischen" technischen Dokumentation verfestigt. Vorab ein Überblick über diese Standardisierungsebenen:

Inhaltliche Standardisierung

Durch die Einführung von Formulierungsrichtlinien für die unterschiedlichen Textsorten der technischen Kommunikation und deren spezielle inhaltsorientierte Unterstrukturen sollen inhaltliche Einheitlichkeit und effizientere Übersetzbarkeit gewährleistet werden. Die Einhaltung dieser Regeln und Standards kann mit Hilfe von Redaktionsleitfäden oder automatisiert durch Textkontroll-Software überwacht werden. Das Regelwerk kann von der Terminologiedefinition (Drewer 2007) über sprachliche Formulierungsvorgaben bis hin zu umfassenderen Kontrollierten Sprachen reichen.

Strukturelle Standardisierung

Informationsstrukturen lassen sich für die zu publizierenden Dokumente und Dokumentarten von der Makroebene (z. B. Kapitelarten, Topic-Arten) bis zur Mikroebene der Sätze oder Wörter definieren (Ley 2006). Je nachdem, welche Methoden für die Strukturbildung herangezogen werden, sind die Strukturelemente eher semantisch-funktional oder gliederungs- bzw. layoutbezogen charakterisiert. Standardisierte Strukturen sollen die Konsistenz und Austauschbarkeit von Informationen gewährleisten.

Beim Einsatz von Content-Management-Methoden umfasst die Strukturdefinition auch die Modularisierung (Ziegler 2007). Für die regelbasierte Wiederverwendung von strukturierten Informationen müssen dabei die Modulgröße und die wiederverwendbaren Strukturelemente festgelegt werden.

Standardisierte Formate

Einheitliche Datenformate sollen die Interoperabilität der Informationen technisch sicherstellen: Sie sollen möglichst systemunabhängig sein, eine langfristige Versionssicherheit aufweisen sowie die maximale Austauschbarkeit zwischen beteiligten Programmen, Personen und Unternehmen bieten.

Die technische Realisierung von Standardstrukturen geschieht am häufigsten unter Nutzung von SGML/XML-Auszeichnungssprachen und den entsprechenden Anwendungen. Diese bilden die Strukturierungsregeln elektronisch in Form von Dokument-Typ-Definition (DTD) oder Schema-Dateien (XSD) ab. Sie unterstützen zudem Unicode, den Standard für weltweite Zeichenkodierung (unicode).

Standardisiertes Layout

Auslöser und Treiber vieler Reorganisationsprojekte in der technischen Dokumentation ist die kundenorientierte einheitliche Gestaltung der Publikationen im Sinne einer „Corporate Identity“. Technisch werden hierfür Layout-Vorlagen definiert, die einheitlich erstellt, gepflegt und verwendet werden müssen. Methodisch baut diese Standardisierung auf den bisher beschriebenen Ebenen auf. Mit regelbasierten Layout-Definitionen für die Strukturelemente lassen sich sowohl mit DTP-Werkzeugen, als auch mit XML-Umgebungen automatisierte und standardisierte Publikationen erzeugen. Während erstere auch nachträgliche, z. B. im Marketing relevante, Bearbeitungen ermöglichen, bieten XML-Anwendungen reichhaltige Möglichkeiten für die medienübergreifende Publikation.

Im Weiteren beschränken wir uns im Wesentlichen auf die strukturelle Ebene der Standardisierung. Hierzu benutzen wir den Begriff des „Informationsmodells". Ein derartiges Informationsmodell besteht aus der formalen Strukturdefinition und seiner elektronischen Umsetzung in einem spezifischen Datenformat.

Für die Entwicklung von Informationsmodellen mit einer feineren und semantischeren Strukturierung als z. B. eine gliederungsorientierte Strukturierung, werden häufig die Methoden angewandt, die in dem vorliegenden Sammelband ausführlich dargestellt werden. Hierzu zählen u. a. die Methoden Funktionsdesign, Information Mapping, Zielprogrammierung und das Klassenkonzept. Diese sind zum Teil aus verwandten wissenschaftlichen Forschungsbereichen entwickelt oder aus praxisorientierten funktionalen Analysen von Informationen und Dokumenten entstanden.

Einen Einfluss auf die Modellierung haben zudem Normen und Richtlinien zur Dokumentationserstellung oder zur Produktentwicklung sowie zur Qualitäts- und Prozesssicherung. Die Ebene standardisierter Prozesse und deren Unterstützung durch Informationsmodelle soll hier nur am Rande betrachtet werden. Einige der Informationsmodelle wurden auch explizit für die Kontrolle der Informationsprozesse, wie dem Austausch von Zulieferinformationen, entwickelt.

Als Datenformate werden in der Breite hauptsächlich die DTP-Dateiformate von MS-Word und Adobe Framemaker eingesetzt – derzeit immer noch deutlich häufiger als SGML/XML. Erhebungen zur Verbreitung dieser Werkzeuge zeigen deren Einsatz im redaktionellen Umfeld bei 50% bis 70% der Unternehmen (Straub 2007). Daher stammen auch die Einordnung der Software und deren Dateiformate als „Industriestandard" oder „Quasi-Standard". In den meisten Fällen wird dabei aber die „unstrukturierte" Arbeitsweise der Programme genutzt, d. h., ohne den Einsatz von XML. Durch die Verwendung von Layoutvorlagen (Formatvorlagen bzw. Absatzformate) lassen sich dabei aber durchaus wohl strukturierte und semantische Informationsmodelle realisieren – auf Basis von DTP-Vorlagendateien (DOT bzw. Templates). Diese basierten in der Vergangenheit in der Regel aber nicht auf den in den weiteren Abschnitten darzustellenden standardisierten

Informationsmodellen, sondern auf firmenspezifisch entwickelten Strukturen. Auf die Entwicklung des DTP-Bereiches bezüglich des XML-Einsatzes soll an späterer Stelle zurückgekommen werden. Alle standardisierten Informationsmodelle, die eine übergreifende Verwendung finden, nutzen hingegen das SGML-/XML-Datenformat und sind als entsprechende DTD/ XSD-Datei erhältlich, im Allgemeinen kostenfrei. Neben der Standardisierung von textuellen Informationen ist die Standardisierung im visuellen bzw. medialen Bereich von Grafiken, Illustrationen und Animationen ein eigener umfassender Bereich, der hier ebenfalls nur peripher angesprochen wird.

1.2 Vorteile und Nutzen von Standards

Gründe für die Nutzung von Standards scheinen offensichtlich zu sein. Es lohnt dennoch, einen Blick auf die Argumentationen zu werfen, die speziell mit den standardisierten und SGML/XML-gestützten Informationsmodellen der technischen Kommunikation verbunden sind.

Ein großer Nutzen, der seit der Verbreitung von SGML mit Standardstrukturen versprochen wurde, war die quasi ideale – weil formatfreie und plattformunabhängige – Austauschbarkeit und Verarbeitbarkeit der strukturierten Inhalte. Datenaustausch kann damit technisch sowohl interorganisational realisiert sein, also z. B. zwischen Zulieferern und produzierenden Abnehmern, als auch intraorganisational, z. B. zwischen verschiedenen Abteilungen eines Unternehmens. Die Vorteile eines Standards liegen hier in der semantischen Einheitlichkeit der Strukturen, d.h. beide Seiten „verstehen" die Struktur identisch und ordnen den Strukturelementen den gleichen Informationstyp zu. Auf diese Weise ist auch die systemgestützte Verarbeitung der Informationen leichter möglich. In der Praxis wurden allerdings nur wenige Szenarien realisiert, bei denen der Austausch von standardisierten Dokumentationen und Produktinformationen zwischen Unternehmen stattfindet. Die Ursache ist zum großen Teil organisatorischer Art. Kleine und auch mittlere Zulieferbetriebe haben häufig keine technischen oder personellen Kapazitäten, um (XML-)strukturierte Dokumente zu erstellen. Zudem werden diese von den Abnehmern – außer im Bereich der Luftfahrt und Teilen der Automobilindustrie – aus unterschiedlichsten Gründen auch noch nicht gefordert. Die aktuellen Entwicklungen der Informationsmodelle und vor allem der entsprechenden vereinfachten Anwendungen geben hier allerdings deutliche Impulse für den standardisierten Datenaustausch.

Dies führt zu einem weiteren Vorteil von standardisierten Informationsmodellen. Für sie gibt es – wenn der Standard am Markt akzeptiert ist, also nach dem Henne-Ei-Prinzip – Software-Implementierungen, die „von der Stange" nutzbar sind. Speziell im Bereich der XML-Editoren sind die aktuellen Standards in der Breite integriert bzw. lassen sich als Plug-in oder als

Dienstleistung „im Paket" ergänzen. Dies gilt auch zunehmend für Content-Management-Systeme (CMS), die sich entweder auf ganze Marktsegmente und deren Standardstrukturen spezialisiert haben (häufig S1000D) oder eine optionale Integration der Informationsmodelle aufweisen. Teilweise stellen sie aber zumindest eine entsprechende Kompatibilität durch Import- und Export-Funktionen bereit. Ein nachgefragtes Szenario ist dabei der Import von (DTP-)Altdaten mit einer automatischen Konvertierung in das standardisierte Informationsmodell. Je semantischer das Informationsmodell, desto aufwändiger wird dabei allerdings die eindeutige Konvertierung oder die Nachbearbeitung.

Mit der Integration von standardisierten Informationsmodellen in CMS sollte auch die Einführung der Systeme schneller und günstiger sein. Insbesondere dann, wenn etwaige Anpassungen des Informationsmodells unterbleiben oder „nahe" am Standard bleiben. Gerade im mittelständischen industriellen Bereich ist dies ein wichtiges Argument, da dort, wie beschrieben, kaum finanzielle Mittel für aufwändige Content-Management-Projekte bereit stehen. CMS-Anbieter haben in der Regel aber auch „eigene", für die Systemarchitektur optimierte, Informationsmodelle integriert. Eine Nutzung der Standards ist hier also auch nach der Integrationstiefe der Gesamtprozesse (z. B. Informationsaustausch) abzuwägen (Fritz et al. 2008).

Nicht zu unterschätzen ist das Argument, dass das Wissen und die Erfahrung im Umgang mit den Standards besser verfügbar sind als für individuelle XML-Applikationen. Dies betrifft sowohl redaktionelle Tätigkeiten von Mitarbeitern und Dienstleistern, als auch die IT-Seite der Integration und eventueller Anpassungen. Schulungen, Literatur und Dienstleistungen rund um Standardstrukturen sind reichlich verfügbar und ein wachsendes Geschäftsgebiet. Letztlich spielt für die Entscheidung für einen Standard aber auch immer ein psychologischer Faktor eine wichtige Rolle („damit geht es auch schon woanders"), der den zunehmenden Reifegrad eines Standards positiv gewichtet.

Insgesamt gibt es also eine ganze Reihe von überzeugenden Argumenten, die den Einsatz von standardisierten Informationsmodellen begründen. Allerdings scheint es auch so zu sein, dass diese im Kern mit den Eigenschaften von SGML/XML zusammenhängen und nicht eindeutig nur im Informationsmodell selbst liegen. Diese Diskussion soll hier nicht geführt werden und steht auch in der Breite außer Frage. De facto ist es die Kombination einer Standardisierung von Informationen und der Vorteile von XML, die die Entwicklung in der heutigen Form bestimmt haben. Um aber den Hintergrund der Standards und deren Meta-Sprachen SGML, XML usw. tiefer zu verstehen, ist ein Blick auf die Historie und auf die Beteiligten der Standardisierung hilfreich.

1.3 Standardisierende Institute und Organisationen

Standards, im Deutschen traditionell als Normen bezeichnet, kann jeder entwickeln und veröffentlichen, der Unterstützer für ihre Entwicklung, Publikation und – dies vor allem – Anwendung findet. Unterstützung für die Entwicklung von Anwendungsnormen gewinnt man, wenn ein Bedarf für die Standardisierung eines bestimmten Sachgebiets innerhalb einer Gemeinschaft besteht.

Die im Folgenden aufgeführten Standardisierungsinstitute und -organisationen zeigen den sich entwickelnden und erweiternden Bedarf an Standards, vor allem im Bereich technischer Anwendungen.

Das Interesse an Standardisierung kann sich auf eine relativ homogene Anwendergruppe beschränken, kann aber auch – und dies stand in der Vergangenheit der letzten Jahrzehnte im Vordergrund – durch staatliche oder überstaatliche Institutionen gefördert und rechtlich legitimiert sein.

Die Geschichte der Standardisierungsorganisationen beginnt international mit der Gründung der International Electrotechnical Commission (IEC) im Jahr 1906 in London, also mit den Anfängen der industriellen Elektriknutzung (IEC). Die IEC, die ihre Zentrale in Genf hat, ist noch heute die wichtigste Standardisierungsorganisation für elektrische, elektronische und verwandte Technologien.

Diese Gründung, die allerdings schon zwei Jahre früher durch eine staatliche Institution der USA initiiert worden war, ging von der Wissenschaft und Industrie aus. Die Übereinstimmung des Standardisierungsinteresses von Staat, Wissenschaft und Industrie ist hier offensichtlich.

Typisch in der weiteren Entwicklung ist auch, dass sich das Interesse an Standardisierung schnell von der internationalen auf die nationale Ebene verlagerte: Im Jahr 1907 bildete sich das United States National Committee (USNC), das dann in den 30er-Jahren in der staatsnahen und am nationalstaatlichen Interesse ausgerichteten American National Standards Institute (ANSI).

In Deutschland, das durch den 1. Weltkrieg international isoliert war, bildete sich das DIN Deutsches Institut für Normung als eingetragener Verein im Jahr 1917 (DIN). Die Gründung kann als eine Reaktion auf die früheren Standardisierungsbemühungen im angelsächsischen Bereich mit der Zielsetzung der Normung zugunsten der deutschen Industrie und ausschließlich im nationalen Interesse liegend gesehen werden. Durch eine Vertragsbeziehung mit der Bundesrepublik Deutschland hat das DIN heute eine offizielle Funktion als zentrales Normungsinstitut in Deutschland und den Status der deutschen Vertretung in den europäischen und internationalen Normungsorganisationen (CEN, CENELEC, ETSI, ISO, IEC und ITU).

Die bloß nationalstaatlich ausgerichtete Normung ist in den letzten 20 Jahren fast vollständig durch die regionale Normung im europäischen Raum (nicht beschränkt auf die Länder der EU!) und die internationale Normung abgelöst worden. Die Tätigkeit des DIN verlagert sich auf die Mitarbeit an europäischen und internationalen Normen sowie die Übernahme und teilweise Übersetzung für den deutschen Sprachraum.

So sind die aus datenformattechnischen Gesichtspunkten für die technische Dokumentation wichtigen Standards des DIN auch sämtlich Übernahmen von der International Organization for Standardization (ISO). Genannt seien SGML (ISO 8879:1986), HyTime (ISO/IEC 10744:1997), Topic maps (ISO/ IEC 13250:2003) und DSSSL (ISO/IEC 10179:1996), also alle SGML bezogen, der Muttersprache auch für XML.

Diese Standards haben mit den klassischen Normen wie der für Papierformate (früher DIN 476, jetzt DIN EN ISO 216) wenig gemeinsam. Die SGML bezogenen Standards schreiben keine standardisierten Maße, Materialien, Eigenschaften vor, die durch staatliche Legitimation häufig sogar Gesetzen ähnliche Normungscharakter bekommen, sondern bieten innovative Technologie-Konzepte an, hier für formale Sprachen oder Grammatiken, deren Adaption und Nutzung der freien Entscheidung überlassen bleibt.

Diese SGML-Konzepte haben mit der rasanten Entwicklung des Internets, genauer bezeichnet des World Wide Web (WWW), einen gigantischen weltweiten Markt gefunden. Nur war die Arbeitsweise innerhalb der ISO-Arbeitsgruppen den WWW-Entwicklern viel zu langsam.

Das WWW-Konsortium (W3C), ist deshalb dazu übergegangen, eigene Standards, Recommendations genannt, zu erarbeiten und zu publizieren (erstmals 1994), die im Unterschied zu den Standards der vorgenannten Organisationen kostenfrei abgegeben werden. Die Finanzierung des W3C ist unabhängig von den Einnahmen aus dem Verkauf von Standards.

Die Recommendations zu HTML, XML, XHTML, XSL usw. – inzwischen sind es mehr als 110 – haben das WWW und andere Dienste im Internet binnen weniger Jahre zum primären Kommunikations- und Publikationssystem weltweit gemacht. Entsprechend dynamisch ist die Arbeit im W3C an diesen Konzepten: Immer neue Fassungen bestehender Recommendations werden erarbeitet. Zu HTML gibt es zur Zeit eine Arbeitsfassung mit der Versionsbezeichnung 5!

Die Standards, die Organisationen wie DIN, CEN, ISO oder auch W3C zu dem Bereich der strukturierten Information, Publikation oder Dokumentation anbieten, bieten zwar exzellente Grundlagen für die Anwender, bedürfen aber für die praktische und gleichgerichtete Umsetzung innerhalb einer Industrie zusätzlicher Spezifikationen, die häufig ebenfalls als Standards bezeichnet werden.

Die Verbünde, die erstmals Standards für die technische Dokumentation in ihrem Industriesektor entwickelt haben, taten dies in den 80er-Jahren: die CALS industry group als task force der Electronic Publishing Initiative des US Department of Defense (USDoD) (insbesondere MIL-M-28001) und die Air Transport Association of America (ATA) (insbesondere ATA 100), eine – trotz der Beschränkung im Namen auf die USA – internationale Vereinigung von Herstellern ziviler Verkehrsflugzeuge und Fluggesellschaften. Der Einfluss dieser Standards auf die Praxis der Dokumentationserstellung und –handhabung war enorm. Eine Fülle von Konzepten und Erfahrungen aus Projekten, in denen diese Standards eingesetzt wurden, haben Eingang in die allgemeine Praxis der technischen Dokumentation gefunden.

Gewissermaßen als europäische Antwort auf die CALS-Entwicklung in den USA wurde unter dem Schirm der AECMA (European Association of Aerospace Constructors), heute ASD (AeroSpace and Defense Industries Association of Europe), der jetzt als S1000D angewandte Standard entwickelt (S1000D). Er wurde zunächst in Entwicklungsprojekten militärischen Fluggeräts erprobt und eingesetzt und hat inzwischen viele Anwender, insbesondere im Bereich militärisch genutzter Systeme.

Als sozusagen Spätgeborener hat sich die Organization for the Advancement of Structured Information Standards (OASIS) der Standardisierung im Bereich Informationstechnologie und technische Dokumentation verschrieben. Ursprünglich bestand sie aus einer Vereinigung von Software-Herstellern für SGML-basierte Produkte und Dienstleistungen und ist jetzt eine weitere Standardisierungsorganisation, u. a. in enger Anbindung an IBM. Unter dem Schirm von OASIS ist die ursprünglich für die Software-Dokumentation entwickelte und heute in vielen Anwendungsfeldern genutzte DocBook-Anwendung sowie die in der aktuellen Diskussion viel beachtete DITA-Anwendung beheimatet.

Zielen die bisher genannten Standardisierungsorganisationen auf eine weite Anwendung ihrer Konzepte und Standards, gibt es aber auch solche, die ihre Entwicklungen nur einem begrenzten Kreis von Mitgliedern zugänglich machen, wenn sie sich entsprechend auch an der Finanzierung beteiligen. Zu diesen Verbünden zählt z. B. die MSR-Initiative, ein Zweckbündnis deutscher Automobilhersteller und Automobilzulieferer. Für die Mitglieder werden Methoden, Standards und Werkzeuge für den Informationsaustausch im Entwicklungsprozess auf Grundlage der SGML/XML-Technologie entwickelt und bereitgestellt (MSRMEDOC).

Wiederum ein anderes Modell der Standardentwicklung liegt im Fall des VDMA (Verband Deutscher Maschinen- und Anlagenbau e.V.) (VDMA) mit dem Multimedialen Maschineninformationssystem „mumasy“ (VDMA66320) vor: Hier ist auf der Grundlage eines mit öffentlichen Mitteln geförderten Forschungsprojekts und unter gezielter Einbeziehung von Dienstleistern, Software-Herstellern und produzierender Unternehmen ein Standard entstanden, der den Branchenmitgliedern eine konsistente und sichere Nutzung für den Informations- und Dokumentationsaustausch verspricht. Vermarktet wurde dieser Standard bisher vornehmlich durch die Dienstleister und Software-Hersteller, die z. T. schlüsselfertige Implementierungen anbieten.

Die Hersteller von Content-Management-Systemen und Produktionssystemen bieten heutzutage zum einen meist eigene, für das jeweilige System entwickelte Informationsmodelle an. Zum anderen stützen sie sich, auch aus marketing- und kundenseitigen Akzeptanzgründen, mehr und mehr auf Standards, wie sie von den oben genannten Organisationen publiziert werden. Dabei legen sie teilweise weniger Wert auf die strikte oder vollständige Konformität zu diesen Standards, sondern auf die Anpassung an die Architektur ihres Produkts.

Als „unterste“ Gruppe der standardisierenden Institutionen sollen die anwendenden Unternehmen selbst genannt werden. Insbesondere größere Konzerne, die an verteilten Standorten oder mit einem großen Produktspektrum produzieren, haben in der Vergangenheit unternehmenseigene Standards geschaffen. Mit diesen auf die eigenen Anforderungen und branchenspezifische Normen zugeschnittenen Informationsmodellen haben sie, häufig in langwierigen und kostspieligen Entwicklungsphasen, ein Anwenderwissen aufgebaut, das letztlich auch den bisher genannten standardisierungsverantwortlichen Institutionen nutzte. Durch ihre Mitarbeit in den Gremien brachten sie den jahrelangen Erfahrungsschatz in die Entwicklung praxistauglicher Standards der technischen Dokumentation ein.

2 Standardstrukturen in der TD

2.1 Das kreative Chaos auf der Basis der Standard-Syntax

Als 1986 der ISO-Standard ISO 8879 (SGML) publiziert wurde, waren die potenziellen Anwender dieser allgemeinen Auszeichnungssprache weithin ratlos und enttäuscht: Anstelle einer Grammatik für die Strukturierung und Auszeichnung ihrer textlichen Inhalte bekamen sie lediglich eine Syntax für die Formulierung einer standardisierten Grammatik. Selbst die in ISO 8879 standardisierte Syntax war abstrakt und sollte in eine der gegebenen Computer-Anwendungsumgebung verträgliche konkrete Syntax abgebildet werden. Wenigstens hatten die Autoren daran gedacht, eine Reference Concrete Syntax als Empfehlung in den Standard mit aufzunehmen, die als das „Spitzklammerformat" allgemein akzeptiert wurde.

Die Migration von SGML zu XML brachte neben einer Reihe von Syntax-Vereinfachungen dann auch den Wegfall dieser Meta-Ebene der abstrakten Syntax: Die XML-Syntax ist konkret und fix und wird auf allen Computer-Plattformen gleich gehandhabt. Aber wie stand es weiterhin mit der standardisierten Grammatik, einer allgemein verwendbaren Dokumentenstruktur: ein standardisiertes Informationsmodell?

Die ursprüngliche Meinung, ohne eine standardisierte, allgemein verwendbare Dokumentenstruktur, sei das Konzept SGML nicht praktikabel, kippte in die entgegen gesetzte Richtung: Wozu brauchen wir eine solche überhaupt? Es ist ja so einfach, eine Struktur selbst zu erfinden, eine Struktur, die den spezifischen Bedürfnissen der Anwender optimal entspricht!

Man braucht ja nur rudimentäre Syntaxkenntnisse für das Schreiben einer Dokumenttypdefinition (DTD) und in wenigen Tagen hat man das Informationsmodell für eine SGML/XML-Anwendung fertig. So entstanden tausende DTDs für organisationsinterne, proprietäre Anwendungen und hunderte mehr mit dem Anspruch einer interorganisationalen mit Standard-Charakter.

2.2 Die ersten Standardstrukturen: CALS, HTML und anderes

Kenner der Entwicklung der SGML/XML-Anwendungen werden einwenden, dass das oben beschriebene Chaos doch nur ein Teil der Geschichte sei, die erst zum Ganzen werde, wenn man die frühen Projekte der Strukturstandardisierung im engeren und weiteren Bereich der technischen Dokumentation in die Betrachtung einbezieht[1].

Ebenfalls ab Mitte der 80er-Jahre wurde das CALS-Projekt (Computer-Aided Acquisition and Logistics Support) auf Initiative des US-Department of Defense von der an der Entwicklung von militärischen Systemen beteiligten Industrie betrieben und finanziert. Neben anderem stand die Strukturierung der Dokumentation für folgende Ziele im Vordergrund: Einsparung von Beschaffungs- und Unterstützungskosten, Verkürzung von Entwicklungs- und Beschaffungsfristen, Verminderung von Papierausgaben, konsistente Verbreitung von technischen Änderungen, substanzielle Qualitätsverbesserungen (CALS).

[1] Das Electronic Manuscript Project der Association of American Publishers aus den Jahren 1983 - 1986 soll außer Acht gelassen werden, weil es wenig mit technischer Dokumentation zu tun hat.

Die dokumentstrukturbezogenen Konzepte schlugen sich 1989 in dem DoD-Standard MIL-M28001 nieder, der heute als CALS-Standard bekannt ist. Dieser Standard schrieb keine einheitliche Struktur für alle Waffensysteme des DoD oder alle Teilstreitkräfte vor (das wäre von den Beteiligten aus den unterschiedlichen Bereichen niemals akzeptiert worden), sondern gab ein Element Dictionary vor mit standardisierten Strukturen für Teilstrukturen (hierarchische Gliederung, Prozeduren, Grafiken, Links, Tabellen u. a.). Von diesen hat sich bis auf den heutigen Tag das CALS-Tabellenmodell erhalten, das in viele spätere Informationsmodelle nach einer leichten Revision eingegangen ist.

Die Grundlage der CALS-Strukturen machte es später möglich, darauf aufbauend die Anforderungen an Interaktive Elektronische Technische Handbücher (IETM) zu formulieren und entsprechende, papierlose Handbücher in den militärischen Alltag einzuführen.

In der Industrie für die zivile Verkehrsluftfahrt ging ab der Mitte der 80er-Jahre ein erheblicher Druck für die Standardisierung der Flugzeugdokumentation auf die schon damals wenigen Hersteller aus. Ziel – insbesondere der technisch ambitionierten Fluggesellschaften, in vorderer Linie auch die Deutsche Lufthansa – war es, die Dokumentation der gesamten Flotte (unterschiedlicher Hersteller) in einer integrierten, datenbankgestützten Anwendung handhaben zu können. Unter dem Dach der ATA wurden dazu SGML-Strukturen modelliert. Von besonderer Bedeutung wurde die Dokumenttypdefinition ATA 100 für das Aircraft Maintenance Manual.

Die Nutzung dieses Handbuchs, das es für jedes Verkehrsflugzeug gibt, ist streng reglementiert: Durch die Eingabe der „tail number“ des zur Wartung anstehenden Flugzeugs in das Dokumentationssystem, die intern in die „effectivity“, das ist die eindeutige Kennzeichnung einer Gruppe von baugleichen Flugzeugen, übersetzt wird, die Bestimmung der Wartungsebene (A, B, oder C; deren Umfang ist in einem „maintenance schedule“ festgelegt) und die Bezeichnung der Zone (jede Zone eines Flugzeugs ist eindeutig bezeichnet) erzeugt das System eine detaillierte Beschreibung dieses Wartungsvorgangs. Dies wird durch die SGML-Struktur des Maintenance Manuals sicher ermöglicht: Keine notwendige Information fehlt, alle Informationen werden in der richtigen Reihenfolge ausgegeben. Informationen, die für diesen Wartungsvorgang an diesem Flugzeug in dieser Zone irrelevant sind, bleiben ausgeblendet. Entsprechend strikt sind die strukturellen Vorgaben für die Erstellung und Pflege des Manuals. In einem späteren Abschnitt werden wir auf die weitere Entwicklung des Standards ATA 100 eingehen: die ATA iSpec 2200.

Eine für die Welt sicher noch bedeutendere Standardstruktur auf der Basis von SGML war die HyperText Markup Language (HTML) in der Version 2.0, die 1995 publiziert wurde. Die Version 1 von HTML sah zwar so aus wie SGML, war es aber nicht. Insbesondere durch die Fürsprache von Yuri Rubinsky wurde HTML „SGML-isiert" und wurde damit zu der größten, standardisierten Publikationsanwendung mit großem Einfluss auch auf die Strukturierung technischer Dokumentationen (Gennusa 1999).

Ende der 80er-Jahre hatte SGML bereits in viele Bereiche der Dokumentenstrukturierung und -verarbeitung Einzug gehalten. Genannt seien die Beispiele der Europäischen Gemeinschaft, FORMEX, für die Veröffentlichung der EG-Amtsblätter (FORMEX), des DIN, etwas später des DIN in Zusammenarbeit mit der französischen Normenorganisation AFNOR, der britischen BSI und der ISO für Normen (DIN27, IMPACT), der Text Encoding Initiative für geisteswissenschaftliche Publikationen (TEI) und eines Projekts europäischer Wissenschaftsverlage für die Strukturierung der Köpfe wissenschaftlicher Zeitschriftenartikel (MAJOUR).

Der ISO-Standard 8879 (SGML) war zu einem der best verkauften Publikationen der ISO avanciert. Dennoch wurde die zunehmende Akzeptanz und Nutzung dieser Technologie öffentlich kaum wahrgenommen, ihr Potenzial für die Durchdringung der Praxis, insbesondere in der technischen Dokumentation, unterschätzt.

2.3 DocBook

In der Informatik, in den Computer Sciences, änderte sich dieses Anfang der 90er-Jahre im Bereich der Unix-Dokumentation, vorangetrieben durch die Konsortien der UNIX International und der Open Software Foundation (DocBook). Zunächst ging es darum, die Unix bezogene Dokumentation (in troff) in eine SGML-Struktur zu transformieren, die sich dann unter dem Namen DocBook ab 1991 bei allen Unix-Anbietern (darunter Sun, HP, Digital, Siemens) durchsetzte. Hilfreich für den Siegeszug von DocBook war zweifellos, dass es nicht in internen Papieren unter Verschluss einer kleinen Gemeinschaft gehalten wurde, sondern von Anfang an durch einen Verlag, O'Reilly, publiziert und weltweit verbreitet wurde.

Am Anfang von den beiden Firmen HaL Computer Systems und O'Reilly allein getragen, bekam die Entwicklung von DocBook eine breite Basis durch Experten der Computer-Dokumentation, die durch O'Reilly initiierte und organisierte Davenport Group. Damit erweiterte sich der Anwendungsbereich über die Unix-Dokumentation hinaus. DocBook wurde in Autorenwerkzeuge (SGML-basierte Editoren) implementiert und für die direkte Produktion von Druckausgaben weiterentwickelt.

Die Mitte der 90er-Jahre größten Anwender von DocBook waren die Hersteller Novell und Sun, die prominentesten Co-Autoren mit dem größten Einfluss auf das Design von DocBook waren John Bosak (Novell) und Mike Rogers (SunSoft).

Im Jahr 1998 übergab die Davenport Group die weitere Entwicklung und Pflege der DocBook-Anwendung der OASIS Organisation, die sich damit erstmals als Standardisierungs-Institution präsentierte. Das OASIS DocBook Technical Committee unter dem Vorsitz von Eduardo Gutentag, Sun, übernahm die weitere Entwicklung, die auch eine XML-Variante einschließt und heute bereits in der Version 5 bei O'Reilly erscheint (Walsh 2007), dem Verlag, der dieses Konzept von Anfang an in vorbildlicher Weise unterstützt und begleitet hat.

Was steckt drin, in der DocBook-Struktur?

Als Wurzelelement bietet DocBook nicht eines, sondern gleich mehrere zur Wahl: *book* für ein buchartiges Dokument, *article* für einen Artikel in einer beliebigen übergeordneten Struktur, *part* für ein buchartiges Element, das Teil eines mehrteiligen Werks ist, und *set* für eine Sammlung von Büchern, die auch Teil einer größeren Sammlung, einer Bibliothek, sein kann. Dies zeigt bereits die Flexibilität der Anwendung hinsichtlich der Einbindung eines DocBook-Dokuments in einen oder auch mehrere größere, strukturkonsistente Zusammenhänge oder hinsichtlich der Zusammenfassung mehrerer DocBook-Dokumente zu einem Gesamtwerk. So lassen sich in beliebigen Zusammenstellungen ohne nennenswerten Spezifikationsmehraufwand Verzeichnisse und Register auf unterschiedlichen Ebenen der Dokumentstruktur generieren – wenn die internen Strukturen der einbezogenen DocBook-Dokumente gleichartig sind.

Diese Gleichartigkeit der Strukturierung von Dokumenten, die gegen die DocBook-DTD konform strukturiert sein mögen, wird allerdings nicht durch die DocBook-DTD erzwungen, sondern wird durch die Anwendungsregeln erreicht, die jeder Anwender innerhalb der Alternativstrukturen von DocBook selbst definieren kann und dann auch konsistent befolgen muss. Ein DocBook-Buch kann auf der direkt untergeordneten Ebene in Teile (part) gegliedert werden oder auch direkt in Kapitel (chapter). Es kann auch aus mehreren Artikeln (article) bestehen. Damit ist auch noch nicht festgelegt, welche Inhalte innerhalb von Kapiteln oder auf der gleichen Ebene in Anhängen (appendix) oder in speziellen Kapiteln für Referenzen (reference) stehen sollen. Die Gliederung unterhalb von Kapiteln kann rekursiv in verschachtelten Abschnitten (section) erfolgen oder auch in Abschnitten, deren Namen die Schachtelungsebene explizit ausdrücken (sect1, sect2 usw.).

Selbst bei den Überschriften gibt es Wahlmöglichkeiten: die zwingend geforderten Überschriften als Bezeichner für Kapitel, Abschnitte etc. und die Zwischenüberschriften (bridgehead), die in den Textfluss eingeordnet werden und nur durch ihre textliche Formulierung und den anschließenden Inhalt einen Sinnzusammenhang ergeben.

Die bisherigen Beispiele deuten auf eine allgemein verwendbare Makrostruktur hin, die konventionellen Gestaltungsregeln für Buch- und Zeitschriftenpublikationen entspricht. Dies gilt allerdings nicht für alle Strukturbereiche von DocBook.

Innerhalb dieser allgemeinen Strukturumgebungen gibt es eine Fülle von semantischen Mikrostrukturen für die Beschreibung von Computer-Software, -Anwendungen und -Designs, allerdings auch für keine anderen Anwendungsfelder. Als Beispiel dafür sei die Struktur für die Syntax von Befehlen oder Funktionen, *synopsis*, genannt. Werden von den Autoren diese semantischen Strukturen systematisch und konsistent für die Strukturierung der Inhalte eingesetzt, erreichen die Leser/Nutzer eine hohe Recherche-Genauigkeit, wenn sie beispielsweise die Befehlssyntax, Anwendungsbedingungen, Parameter etc. einer bestimmten Funktion suchen.

Das dem DocBook zugrundeliegende Informationsmodell ist also zweischichtig: Der Mantel ist informationell unbestimmt, der Kern ist semantisch und spezifisch für die genannten Dokumentationsarten[2]. Diese Zweischichtigkeit hat DocBook über das Anwendungsfeld Computer-Anwendungen hinaus populär gemacht. Es gibt wohl keine zweite Standardstruktur, die in so vielen Anwendungsfeldern so vielfältig eingesetzt wird. Dabei schließt man bestimmte alternative Strukturierungsmöglichkeiten aus: Anstelle verschachtelter Abschnitte, *section*, nutzt man Abschnitte mit einer festen Ebenenbezeichnung bis in eine gewählte Tiefe (etwa sect1, sect2, sect3). Man eliminiert einen Teil der semantischen Strukturen oder auch gleich alle. Man erweitert die DocBook-Struktur um eigene semantische Strukturen. Solche Änderungsnutzungen des Standards DocBook sind ausdrücklich für zulässig erklärt, wenn man dem Kind dann auch einen eigenen Namen gibt. Üblich sind solche Bezeichnungen wie Simple-DocBook oder Mein-DocBook.

Zur Verbreitung der Nutzung von DocBook lassen sich belastbare Zahlen nicht nennen. Durch die Out-of-the-box-Implementierung in einer Reihe von Redaktionswerkzeugen, die Vielzahl von DocBook-Stylesheet-Angeboten und DocBook-Anwendungen lässt sich begründet vermuten, dass DocBook im akademischen Umfeld die führende SGML/XML-Anwendung ist und von

[2] Zu einem genauen Einblick in die DocBook-Struktur sei folgende Seite empfohlen: www.docbook.org/tdg5/en/html/docbook.html

dort aus auch für die Praxis der Dokumentation besonders häufig empfohlen wird.

2.4 S1000D

Mit der International Specification for Technical Publications Utilising a common Source Data Base, (Spec1000D), heutzutage schlicht mit S1000D benannt (Spec1000D), treten wir trotz der gleichen Sprachgrundlage SGML in eine andere Welt ein als wir sie bei DocBook kennen gelernt haben. Nicht Offenheit der Beteiligung für jeden, der in der Lage und willens ist, einen Beitrag zu leisten, auch nicht allgemeine Eignung und freie Verfügbarkeit für technische Publikationen aller Art – wie es der Titel glauben lässt.

Der Anwendungsbereich dieser Spezifikation ist fest umrissen: Dokumentation fliegenden Geräts einschließlich seiner Unterstützungssysteme. Obwohl ausdrücklich offen für ziviles wie für militärisches Fluggerät, wird diese Spezifikation bis über das Jahr 2000 hinaus ausschließlich für militärische Entwicklungen genutzt und an deren besonderen Anforderungen ausgerichtet. Eher als für die Dokumentation technischen Geräts aller Art wird die Spec 1000D für nichtfliegende militärische Entwicklungen zur Grundlage.

Gänzlich anders als bisherige Standard-Entwicklungen für die Strukturierung technischer Dokumentation (CALS, ATA, DocBook), die sämtlich dokumentorientiert waren, wurde mit S1000D explizit komponentenorientiert gedacht. Die Quellinformationen werden in einer Datenbank gesammelt, aus der heraus dann Publikationen für die unterschiedlichen Dokumentationsanforderungen (Operating, Maintenance, Fault Isolation, Repair etc.) kompiliert werden. Dieser Gedanke rückte erst viel später wieder mit der DITA-Anwendung in den Vordergrund.

Sämtliche Information wird entsprechend der Komponentenstruktur des zu dokumentierenden Geräts in Komponenten (Data Modules) zusammengefasst, deren Klassifikationssystem (Data Module Codes) die Datenkomponenten eindeutig bezeichnen und sie in die Komponentenstruktur des Gesamtsystems einordnen. Die Gesamtheit der Datenkomponenten bildet die allgemeine Quelldatenbank (Common Source Data Base; CSDB). Für die Bildung der Data Module Codes gibt es ein vorgegebenes Schema, das sich an den technischen Gegebenheiten des zu dokumentierenden Systems und allen Aspekten seiner Anwendung orientiert.

Für die inhaltliche Strukturierung der Datenkomponenten gibt es sehr detaillierte, semantisch orientierte Vorgaben. Der S1000D-Standard formuliert diese Details für ein bestimmtes militärisches Fluggerät, das gleichzeitig ein Modell für anders geartete zu dokumentierende Systeme darstellt.

Weiter legt S1000D fest, welche Handbücher oder Publikationen zu produzieren und wie sie inhaltlich zu gliedern sind. In der Version 1.0 des Standards sind dies 25 Publikationen (ein Beispiel: Air Vehicle Recovery Manual, ARM), in der Version 1.8 bereits mehr als 30!

Die Inhalte für alle diese Publikationen kommen neben wenigen Ergänzungen aus der allgemeinen Quelldatenbank. Die Data Module Codes dienen dazu, die entsprechenden Datenkomponenten in die Publikationen richtig und vollständig einzuordnen.

Das Informationsmodell von S1000D lässt sich als dreischichtig kennzeichnen:

(1) Die Komponentenstruktur des zu dokumentierenden Systems bestimmt die Komponentenstruktur der Daten.

(2) Der Data Module Code verbindet die eindeutige Bezeichnung einer Datenkomponente, ihre Einordnung in die Komponentenstruktur des Systems und die Verwendung in bestimmten Publikationen.

(3) Die Publikationen sind entsprechend ihrer Nutzungsziele, -bedingungen und -situationen strukturiert.

In der Zukunft wird mit den Anwendungsregeln (business rules) noch eine weitere Schicht nutzbar sein. Auf der Grundlage dieser Regeln soll der Anwender seine Anpassungen und eigenen Strategien zur Realisation formulieren.

Für die vollständige Adaption von S1000D in anderen Anwendungsbereichen bedeutet dies, dieses dreischichtige Informationsmodell zu übernehmen, aber ggf. alle Details der Komponentenstruktur, der Datenkomponentenkennzeichnung und der Publikationenbildung dem gegebenen Umfeld und der Zielsetzungen entsprechend neu zu modellieren. Eine Adaption von Einzelheiten der SGML/XML-Strukturierung für die Modellierung individueller Anwendungen oder die Kombination mit anderen Standards nutzt damit auch nur Teile des dargestellten prozessorientierten Gesamtkonzepts.

Wenn auch an S1000D nichts geheim ist, so sind doch die diesen Standard nutzenden Anwendungen wegen ihres militärischen Charakters in der Vergangenheit geheim gehalten worden. Es gab deshalb bisher auch nur einen kleinen Kreis von spezialisierten Dienstleistern und Software-Lieferanten, die kompetent S1000D-Anwendungen unterstützten. Die Beratung, Vorbereitung, SGML/XML-Modellierung, Konfiguration, Software-Ausstattung (ein CMS zur Verwaltung der Quelldatenbank ist für den Generalproduzenten unausweichlich!) und laufende Anwenderunterstützung verlangen entsprechende Investitionen. Wenn die Zulieferer zur zentral gehaltenen Quelldatenbank präzise strukturelle und inhaltliche Vorgaben für ihre Beiträge zur

Gesamtdokumentation bekommen, ist der Datenaustausch mit dem Generalproduzenten gesichert.

Wegen der vielen, sehr spezifischen Regeln für die S1000D-Anwendung wird die 1:1-Übertragung auf andere Projekte selten möglich sein. Lohnt sich der Einsatz des kompletten Konzepts in der Regel nur für Großprojekte, so können Teile davon – z. B. das Klassifikationssystem oder das Informationsmodell – hilfreich oder zumindest „inspirierend“ sein.

2.5 DITA

Die „Darwin Information Typing Architecture (DITA) wurde von IBM für die eigenen Dokumentationsprozesse entwickelt und dort seit 2001 eingesetzt. Seit 2004 wurde es bei OASIS in einem eigenen Technical Commitee weiterentwickelt und 2005 als Standard der Öffentlichkeit in der Version 1.0 zur Verfügung gestellt (DITA). Seitdem hat es weltweit großen Einfluss auf die Diskussion um standardisierte Informationsmodelle in der technischen Dokumentation. Der Standard wurde schnell von Dienstleistern, System- und Toolanbietern übernommen und wird zum Teil geradezu euphorisch vermarktet. Dem entsprechend gibt es ein reichhaltiges Spektrum von Content-Management-Systemen, XML-Editoren und weiteren spezialisierten Anwendungen, die das DITA-Informationsmodell und dessen Verarbeitungsprozesse integriert haben, Dienstleistungen und Literatur rund um DITA sind ebenfalls verfügbar (Closs 2007). Im Umfeld des Standards finden sich zudem freie Applikationen, mit denen für verschiedene Ausgabeformate Dokumentationen erstellt werden können. Am bekanntesten ist das „Open Toolkit“, das vordefinierte Stylesheets und die Software für die Verarbeitung von DITA-strukturierten Informationen enthält (www.sourceforge.net). Wie bei anderen XML-basierten Standards auch, sind für Änderungen, z. B. der Formatierungen, aber durchaus fundierte XML-Kenntnisse vonnöten.

Das Grundprinzip von DITA ist die modulare Erfassung von Informationen in „Topics“ und deren Wiederverwendung in Publikationsstrukturen. Topics spiegeln die im Bereich der Software-Dokumentation übliche Vorgehensweise wieder: Möglichst abgeschlossene und kontextunabhängige Informationseinheiten werden einzeln erfasst und je nach dem zu beschreibendem Produkt und Dokumentation aggregiert. Querverweise und Verzeichnisse können zudem unabhängig von den erfassten Inhalten der Topics erzeugt werden.

Für die Erfassung der Topics bietet DITA verschiedene Topic-Typen mit einer vordefinierten semantischen Grundstruktur an („Information Typing“). Die seit 2007 aktuelle Version 1.1 sieht folgende Topic-Typen vor: deskriptive Überblicksinformationen (concept), prozedurale Informationen (task), glossarartige Begriffsdefinitionen (glossentry) und aufzählende oder tabellarische Strukturen für z. B. Befehlsreferenzen oder Detailbeschreibungen (reference) (Closs 2008). Um die Struktur eines zu publizierenden Dokumentes festzulegen, werden dann die relevanten Topics in einer sogenannten Map-Datei einzeln referenziert und hierarchisch eingeordnet. Im eigentlichen Publikationsprozess werden dann die Inhalte von den jeweiligen Applikationen zusammengefügt und im gewünschten Dateiformat erstellt.

DITA enthält auch die grundlegenden Mechanismen, um Varianten von Topics zu erstellen (Ziegler 2005). So können z. B. konditionale Texte innerhalb von Modulen durch Metadaten bei der Publikation ausgefiltert werden. Topics können damit auch als eine Sammlung von Informationen aufgebaut sein. Zum Beispiel können verschiedene Produktvarianten oder Zielgruppen gleichzeitig in einem Topic beschrieben werden. Über den sogenannten conref-Mechanismus (content reference) ist es zudem möglich, Fragmente von anderen Topics in einem Topic zu inkludieren und damit auf kleinerer Ebene wieder zu verwenden.

Insgesamt bildet DITA damit viele Mechanismen als einheitlicher Standard ab, die seit Jahren im Bereich des Content-Management in zahlreichen individuellen Anwendungen – abhängig vom System und vom Informationsmodell – implementiert wurden. Was ist nun das zusätzlich Besondere an DITA? Es ist in erster Linie seine Erweiterung vom Informationsmodell zur „Informationsarchitektur“ (das „A“ im Namen). Dahinter verbirgt sich die Idee, nicht nur ein festes Informationsmodell als Standard zu benutzen, sondern Anpassungen des Informationsmodells als sogenannte „Spezialisierungen“ ebenfalls in den Standard einzubeziehen. Die Spezialisierungen sehen vor, sowohl neue semantische Elemente in das Informationsmodell einzuführen (Domänen-Spezialisierung), als auch neue Strukturen z. B. für neue Topic-Typen, zu definieren (Strukturelle Spezialisierung) (Becher 2008). In beiden Fällen bleibt die Verbindung zu den ursprünglichen Strukturen oder Elementen erhalten, deren Eigenschaften werden vererbt und teilweise verändert (spezialisiert), was auch den biologistischen Ansatz (Darwinsche Vererbungslehre) erklärt. Auf Basis dieser Mechanismen entstanden auch die genannten Topic-Typen aus dem Basis-Topic.

Der Vorteil gegenüber anderen bestehenden Anpassungsmöglichkeiten liegt darin, dass Applikationen und Stylesheets sich primär an den Basis-Strukturen orientieren. Spezialisierungen sollen damit zu robusten Anwendungen führen, für die in einem sekundären Schritt die Anpassungen der Applikationen methodisch durchgeführt werden können. Ob damit zukünftig alle nötigen Anpassungen für unterschiedlichste Belange der technischen Dokumentation abgedeckt werden können, ist Gegenstand von Diskussionen (Fritz et al. 2008).

Innerhalb von OASIS beschäftigen sich mehrere Gruppen damit, Spezialisierungen für unterschiedliche Bereiche zu entwickeln und diese ebenfalls in nächsten DITA-Versionen in den Standard aufzunehmen. Hierzu gehören die Arbeitsgruppen („subcommittees") zu den Themen: Translation, Learning and Training Content, Machine Industry, Semiconductor Information Design, Enterprise Business Documents, Help.

2.6 Weitere Standards

Neben den genannten „prominenten" Vertretern standardisierter Informationsmodelle gibt es eine Reihe weiterer, die für einen größeren Überblick interessant sind und hier kurz genannt werden sollen. Natürlich gibt es weitere (XML-)Anwendungen, die aus branchenspezifischen Anforderungen entstanden sind, aber hier nicht weiter vertieft werden können. Hierzu gehören Strukturen und Informationsmodelle gemäß z. B. pharmazeutischen, verlagsorientierten, medizinisch-technischen oder umwelttechnischen Anforderungen.

Zunächst ist auf die weitere Entwicklung des Standards ATA 100 der Flugzeug- und Luftfahrtindustrie (s. o.) einzugehen. Dieser Standard, der sich ursprünglich allein auf die Dokumentation für die Wartung von Verkehrsflugzeugen bezog, wurde Ende der 90er-Jahre in mehreren Schritten erweitert, um alle, ein Flugzeug betreffende, technische Informationen für den Betrieb der Luftfahrtgesellschaften in einem konsistenten, digitalen Kommunikationskonzept zusammenzufassen: ATA iSpec 2200 (Schütze 2004). Mit der SGML-strukturierten Herstellerdokumentation nach diesem Standard ist es heutzutage den Fluggesellschaften möglich, ihre den gesamten Flugbetrieb betreffende Dokumentation weitgehend automatisiert zu übernehmen und digital (papierlos) für den Flugbetrieb, einschließlich aller damit zusammenhängenden Prüfungen und Wartungen, zu nutzen (Neitzke 2002). Das hier entstandene Dokumentations- und Kommunikationskonzept ist zu einem entscheidenden Bestandteil des technischen Produkts Flugzeug geworden, ohne das die Nutzung eines neuen Verkehrsflugzeugtyps nicht mehr vorstellbar ist.

Aus dem Bereich des E-Learning stammt der SCORM-Standard (Shareable Content Object Reference Model). Er definiert kein einzelnes spezielles Informationsmodell, sondern fasst bestehende Standards unter einem gemeinsamen Dach zusammen. Er wurde vom amerikanischen Militär 1997 im Rahmen der ADL-Initiative (Advanced Distributed Learning) gegründet, um Lehrinhalte auszutauschen und online verfügbar zu machen (ADL). Im Rahmen von SCORM werden der Aufbau von Lerneinheiten bzw. Lernobjekten und deren Metadaten definiert. Zusätzlich spezifiziert SCORM deren Aggregation zu Lernpaketen und den elektronischen Datenaustausch mit

Lernsoftware und Learning-Management-Systemen. Die Ziele und Methoden von SCORM ähneln in weiten Teilen den DITA- und den S1000D-Konzepten. Es gibt daher Ansätze, die Standards zu verbinden und z. B. SCORM-konforme DITA-Spezialisierung zu definieren oder S1000D innerhalb SCORM zu nutzen.

Eine Anwendung, die sich explizit auf den Austausch von Daten und Informationen zwischen Organisationen für den technischen Entwicklungsprozess bezieht, ist die des MSR-Konsortiums (Manufacturer Supplier Relationship). In diesem Konsortium haben deutsche Automobilhersteller und ihre Zulieferer für elektrische und elektronische Komponenten ein Konzept entwickelt, das es ermöglicht, die Komponentendaten direkt im Entwicklungs- und Simulationsprozess für Fahrzeuge anstelle der Komponenten selbst einzusetzen. Das Ziel ist die Reduktion von Entwicklungs- und Testkosten, die Einsparung von Zeit, die bessere Prüfbarkeit von Komponentenangeboten sowie die präzisere Rückinformation der Anforderungen des Gesamtsystems Fahrzeug (MSR).

Das mehrschichtige Informationsmodell, das für MSR entwickelt wurde, ist in XML-DTDs definiert. Die DTD für die Beschreibung der Komponenten unter mechanischen, elektrischen, informatorischen, magnetischen, chemischen und vielen anderen Gesichtspunkten ist MSRSYS. Tief gegliedert sind beispielsweise XML-Elemente zur Beschreibung der Abriebfestigkeit, Beschleunigungsamplitude und klimatischen Verträglichkeit definiert (MSRSYS).

Die Anwendung der MSR-Strukturen hat sich für Software-Komponenten im Fahrzeugbau bewährt, für Hardware-Komponenten steht die Bewährung noch aus. MSR hat über den definierten Anwendungsbereich hinaus für Standardisierungen im Automobilbau wichtige Grundlagen geschaffen und Anregungen gegeben.

Eine nationale Initiative des VDMA für ein einheitliches Informationsmodell im Maschinen- und Anlagenbau bildete den bereits erwähnten mumasy-Verbund. mumasy steht für „multimediales Maschineninformationssystem“ und definiert eines der ursprünglichen Ziele, maschinenbezogene Informationen und Dokumentation auch an der Maschine, für elektronische Anzeigen verfügbar zu machen. Zu berücksichtigen war dabei der situative Kontext der Maschine und des Anwenders (Dreyer 2006). Das Informationsmodell nutzt die Zerlegung technischer Informationen nach den möglichen Aspekten technischer Dokumentation in grundlegende Informationstypen bzw. modulare Objekte: Aufbau, Funktion, Handlungen, Beschreibungen. Zusätzlich wird die Kennzeichnung der Informationen nach der Einordnung in den Produktlebenszyklus berücksichtigt. Die Modellierung erfolgte 1999-2003 im

Rahmen eines Forschungsprojektes (mumasy), 2006 wurde der Standard als VDMA Einheitsblatt 66320 veröffentlicht. Mit dieser Modellierung sollte auch der standardisierte Informationsaustausch zwischen Unternehmen ermöglicht werden, da die Informationsobjekte an die funktionale oder Aufbaustruktur der ausgetauschten bzw. der zugelieferten Komponenten gekoppelt werden konnte. Aus den verschiedenen Informationsobjekten können dann die Dokumentationsstrukturen innerhalb des Informationsmodells aufgebaut werden. Neben den übergreifenden Standardstrukturen des Informationsmodells sind Anpassungsmöglichkeiten für spezielle Branchen, vergleichbar dem Spezialisierungsmechanismus und den Domänen von DITA, vorgesehen. Das Informationsmodell kam trotz seiner starken Orientierung an dem Informationsbedarf des Maschinenbaus bisher nicht in der Breite zum Einsatz. Die Gründe sind vielschichtig, liegen neben der redaktionellen Komplexität des Modells auch an den für den Einsatz des Informationsmodells vorab nötigen intensiven informationslogistischen Vorbereitungen bei Anwendern und Anbietern.

Als ein abschließendes und typisches Beispiel für einen reinen Konzernstandard kann das Informationsmodell DOCU des Maschinenbaukonzerns LIEBHERR dienen. Es wurde 1997 für die zentrale Dokumentationsabteilung als individuelle Dienstleistung zuerst als SGML-Anwendung entwickelt (Ziegler 1997). Kern des ursprünglichen Dokumentationskonzeptes war die modulare, bauteilorientierte Erfassung von Informationen. Die Grobstruktur klassifiziert die Informationen u. a. nach Funktion, Aufbau und technischen Daten von Komponenten und ordnet diesen die prozeduralen Informationen im Produktlebenszyklus zu (verschiedene Tätigkeiten zu Installation, Wartungstätigkeiten, Reparatur etc.). Es lässt aber gleichzeitig auch eine einfachere, gliederungsorientierte Modulbildung mit den genannten Informationsklassen zu. Die Feinstruktur ist auf Basis des Funktionsdesigns semantisch modelliert und berücksichtigt die relevanten Normen. Neben den XML-Erfassungsstrukturen werden die Module in dokumenttypabhängigen Publikationsstrukturen aggregiert. DOCU spielte eine wichtige Rolle bei der Entwicklung des mumasy-Standards, wird im Gegensatz dazu aber seit 1997 im Konzern produktiv in unterschiedlichen Anwendungen und an mehreren Standorten eingesetzt. Viele größere Anwendungen aus der „Pionierzeit“ von SGML/XML in der technischen Dokumentation wählten im Maschinen- und Anlagenbau einen vergleichbaren Ansatz und sind bis heute produktiv.

3 Standardstrukturen für die Informationsverarbeitung

3.1 Standardstrukturen für den (Produkt-) Datenaustausch

In diesem Abschnitt soll der Blick von den klassischen Dokumentarten der technischen Dokumentation kurz zu den Informationsarten gewendet werden, die an den Produktdaten orientiert sind. Man erfasst damit das Umfeld des Katalogmanagements, der Ersatzteil-Kataloge und die Brücke zum Produktdatenmanagement mit der Nutzung von Stammdaten, Stücklisteninformationen oder CAD-Daten. Letztere Bereiche spielen eine immer wichtigere Rolle bei der prozessorientierten Integration des technischen Informationsmanagements in den Gesamtzusammenhang eines Unternehmens.

Für die Strukturierung von Katalogdaten, die innerhalb von E-Commerce-Anwendungen, Online-Katalogen und elektronischen Marktplätzen verwendet werden können, haben sich mehrere Standards entwickelt (KAT). Prominentes Beispiel im deutschsprachigen Raum ist der 1999 erstmalig veröffentlichte Standard BMEcat des Bundesverbands Materialwirtschaft, Einkauf und Logistik e. V. (BME). Mit diesem Standard werden Produktinformationen in Form von Katalogdaten in einer definierten XML-Standardstruktur für den Austausch strukturiert (BME). Damit werden technisch die Import- und Exportprozesse zwischen verschiedenen Systemen realisiert und logistisch der Warenverkehr zwischen Unternehmen durch internetbasierte Prozesse unterstützt. Es handelt sich hierbei nicht um eine Publikationsstruktur im eigentlichen Sinne. Durch die stark strukturierte Form lassen sich aber aus den XML-Daten z. B. Online-Kataloge automatisiert erstellen. Für die Klassifikation von Artikeln innerhalb der Katalogdaten werden weitere Standards verwendet. Es existiert dazu eine Reihe von Klassifizierungssystemen wie z. B. eCl@ss, bei denen die Artikel in Sachgebiete, Produkt-Gruppen und Untergruppen, eingeteilt, sowie Schlagworte und Merkmale zugeordnet werden (ECLASS). Dadurch sind z. B. umfangreiche aggregierte Online-Kataloge unterschiedlicher Anbieter kategorisierbar und nach Artikelgruppen durchsuchbar. Für Unternehmen, die eine Artikel- oder teileorientierte Dokumentationssystematik und eine entsprechende interne Informationslogistik aufbauen, sind solche Klassifikationssysteme ebenfalls ein hilfreiches Instrumentarium. Mit ihnen können Verknüpfungen zwischen verschiedenen Informationsarten und Projekte im Bereich des Wissensmanagements konzipiert werden.

Eine weitere Standardisierungsinitiative betrifft die Bereitstellung von Zulieferinformationen für Ersatzteildaten und entsprechender Ersatzteilkataloge im Maschinen- und Anlagenbau. Die VDI-Richtlinie VDI 4500 Blatt 3, im Jahre 2001 erschienen, definiert hierzu einen formalen Rahmen als Unterlieferantenstandard mit Vorgaben für den Stücklistenaufbau und den benötigten Teileinformationen. Die Richtlinie beschreibt zudem Praxisbeispiele von elektronischen Ersatzteilkatalogen, z. T. als XML-Implementierung. Eine einheitliche XML-Standardstruktur hat sich für diese Daten bisher noch nicht etabliert. Erstellungssysteme für elektronische und gedruckte Ersatzteilkataloge importieren daher Teileinformationen, Stücklisten und Visualisierungsdaten über unterschiedliche Schnittstellen, häufig aus heterogenen Quellen.

Im militärischen Bereich wurde ebenfalls von der AeroSpace and Defence Industries Association of Europe (ASD), – als Ergänzung zu S1000D – ein Standard für die Ersatzteildokumentation entwickelt: S2000M. Er regelt die administrativen Abläufe und die technische Prozesse zur Erstellung von Ersatzteillisten und Ersatzteilkatalogen für den internationalen Einsatz und für die Interaktive Elektronische Technische Dokumentation (IETD). Ein explizites XML-Informationsmodell gibt er nicht vor (S2000M).

Äußerst dynamisch entwickelt sich in diesem Umfeld derzeit die Übernahme von 3D-CAD-Daten und -Strukturen für die interaktive und räumliche Darstellung von Produkten und navigierbarer Komponenten. Die entsprechenden Datenformate sind zum Teil XML-basiert und werden durch Konvertierung oder Import von nativen CAD-Daten gewonnen. Die eingesetzten Lösungen und Datenformate stammen u. a. von Adobe (U3D), Dassault (3D-XML), Lattice (XVL) oder UGS (JT) (Schober 2006). Neben der Nutzung in Online-Lösungen ist durch entsprechende Plug-ins auch deren Einsatz in PDF- und MS-Office-Formaten möglich. Damit sind 3D-Darstellungen außer in Ersatzteilkatalogen auch in elektronischen Schulungsunterlagen, Service- und Anwenderdokumentation einsetzbar. Diese 3D-Grafikobjekte können auch ohne CAD-Werkzeuge nachbearbeitet und animiert werden. Es handelt sich in diesem Sinne um – im Redaktionsprozess zunehmend relevante – Austauschformate, wenn auch (noch) nicht standardisiert und ohne direkte XML-Funktionalität. Die Verknüpfung und Verwendung der 3D-Objekte mit den beschriebenen standardisierten Informationsmodellen findet jedoch bereits statt.

3.2 Standardisierte „Dateiformate“ (Text/Graphik/Layout)

Neben den Standardstrukturen, die ein durch den Anwender bestimmtes Informationsmodell darstellen, gibt es standardisierte oder quasi-standardisierte Dateiformate. Ein bekanntes und durch die Microsoft-Office-Produkte weit verbreitetes Format ist das Rich Text Format (RTF). Im Folgenden beschränken wir uns auf die kurze Kennzeichnung solcher „Dateiformate“, die in SGML- oder XML-Syntax notiert werden. Bei der HyperText Markup Language (HTML), die bereits oben kurz behandelt wurde, kann man die Einordnung hier in Zweifel ziehen. HTML sei deshalb nur kurz genannt.

Das OpenOffice.org-Format (OOo) ist die trotzige OpenSource-Erwiderung auf die Datenformate des Microsoft-Office-Pakets, das in XML notiert ist und in dem OpenSource-Textverarbeitungsprogramm Writer implementiert ist. OOo macht wesentliche Anleihen bei der DocBook-Struktur und ermöglicht durch entsprechende Filtermechanismen auch den direkten Import und Export von DocBook und DITA-Dokumenten. Das verwendete Informationsmodell „Open Dokument Format“ (ODF) ist durch OASIS standardisiert und seit 2006 auch als ISO-Standard veröffentlicht. Es ist die Weiterentwicklung des seit 2002 mit der ersten Version von OOo eingeführten „OpenOffice.org XML File Format“. Es existieren mittlerweile auch Plug-ins, um ODF, bzw. OOo-Dateien mit MS-Word zu bearbeiten und umgekehrt.

Seit 2003 bietet auch Microsoft in seinen Produkten XML-Schnittstellen und in seinem Office-Paket XML als Dateiformat: WordML. Erfahrene MS-Word-Experten erschraken zunächst, wenn sie sich ein schlichtes Word-Dokument in der XML-Speicherform ansahen und mit der ihnen bekannten Fassung verglichen: 8 oder mehr Namensraum-Deklarationen, der von RTF gewohnte riesige Overhead, kaum weniger Speicherplatz beanspruchend als RTF und die Frage, was soll das? Nichts anderes, als dass die bisherigen Microsoft-Strukturen, nun in XML notiert, keine eigentliche Änderung der internen Dokumentarchitektur sind. Für die Exportmöglichkeiten in andere XML-Strukturen lassen sich aber nun (durchaus sehr komplexe) Transformationsskripte schreiben, es existieren auch entsprechende Plug-ins für DITA und DocBook. Die interne Struktur des Informationsmodells ist als „Office Open XML“ (OOXML) durch die Ecma seit 2006 standardisiert (ECMA).

Die Fähigkeiten von MS-Word als eigenständiger strukturierter XML-Editor sind vorhanden, aber sehr eingeschränkt. Eine direkte Erfassung von standardisierten oder anderen Informationsmodellen mit den „Bordmitteln“ der Software ist nicht für den breiten Einsatz sinnvoll und soll auch zukünftig nicht ausgebaut werden.

Eine Tradition von mehr als drei Jahrzehnten hat inzwischen die von Donald Knuth und seinen Schülern entwickelte Standard-Notation für Mathematik beliebiger Komplexität: TeX (Knuth 1984). 1986 wurde die erste in SGML notierte Mathematik-Notation, entwickelt unter der konzeptionellen Leitung von James Roesser, publiziert (AAP 1986). Diese Konzepte bildeten den wesentlichen Input für die Entwicklung der Mathematical Markup Language (MathML), die 2003 als W3C-Recommendation in der Version 2.0 (W3CMathML) publiziert wurde und inzwischen in einer Reihe von Systemen und Produkten unterstützt wird. Das Besondere an MathML ist, dass das Format sowohl eine rein mathematische Notation als auch eine für die formatierte Darstellung erlaubt.

Das wohl umfassendste Dateiformat ist das der Formatting Objects (FO), das als Eingangsformat für die Formatierer nach der W3C-Recommendation Extensible Stylesheet Language (XSL) (W3CXSL) dient. Das FO-Format in XML-Syntax beschreibt die Layoutierung von beliebigen textlichen sowie grafischen Inhalten in festen Seitendimensionen. Dabei werden im Kopf eines FO-Dokuments zunächst alle Seitenvorlagen (mit unterschiedlichem Grund-Layout) mit ihren Maßen und Seitenbereichen (Kopf, Fuß, Seiten, Textflüsse) spezifiziert, diese dann Seitenfolgenvorlagen (Einzelseite, komplexe Seitenfolgen mit Startseite, linken und rechten Seiten und Leerseiten) zugeordnet. Seitenfolge-Spezifikationen (fo:page-sequence) definieren

(1) die für die gegebene Seitenfolge zu benutzende Seitenfolgenvorlage (fo:page-sequence-master),

(2) definieren die Inhalte der in den Seitenvorlagen (fo:simple-page-master) ggf. definierten Seitenaußenbereiche (fo:region-before, fo:region-after etc.) und ihre Gestaltung,

(3) insbesondere die in die gegebene Seitenfolge eingehenden Inhalte aus dem XML-Quelldokument und ihre Gestaltung.

An die Stelle der XML-Quellstrukturen treten Formatierobjekte, die den Quellinhalt einschließen. Die Formatierobjekte sind beispielsweise Blöcke, fest positionierte und dimensionierte Block-Container, Listen, Tabellen, Grafikblöcke, Fußnoten etc. Die Eigenschaften dieser Formatierobjekte sind beispielsweise Font, Schriftgröße, Zeilenabstand, Ausrichtungen und vieles mehr. Hinzuweisen ist auf die Eigenheit, dass die in konventionellen Formatiersystemen unterstützten Transformationsfunktionen, Verzeichnis- und Registergenerierungen, Nummerierungen von Abschnitten, in Listen u. ä., in den XSL-Formatierern nicht zur Verfügung stehen, sondern ggf. in einem Vorprozess (meist mit XSLT (W3CXSLT)) bereits geleistet sein bzw. generiert werden müssen.

Den Standards, die SGML/XML als Syntax verwenden, wird gelegentlich vorgeworfen, dass sie sich ausschließlich auf textliche Inhalte anwenden lassen. Für Dokumente, die neben textlichen auch grafische Inhalte haben, ist eine durchgängige Anwendung als XML-Dateiformat nicht möglich. Abhilfe schafft die W3C-Recommendation Scalable Vector Graphics (SVG) (W3CSVG). Der Standard definiert eine XML-Syntax für auflösungsunabhängige, also skalierbare Grafiken. Diese beschränken sich nicht nur auf Vektoren für zweidimensionale Grafiken sondern ermöglichen den Aufbau aus unterschiedlichen Grafikobjekten, wie den Einschluss von gerasterten Objekten oder zusätzlichen skriptgesteuerten Animationen.

Das Handicap dieses Standards ist die mangelnde, nur mittelbare oder eingeschränkte Unterstützung in den Grafik-Editoren und Anzeige-Produkten (z. B. in Web-Browsern). In einer durch den Standard definierten eingeschränkten Form (Tiny-Profil) hat sich SVG bei den Handy-Herstellern etabliert. Viele Handy-Produkte unterstützen inzwischen die Darstellung von SVG-Grafiken. Leider scheint sich dies bei den Produzenten von Inhalten für die Handy-Darstellung noch nicht herumgesprochen zu haben.

In XSL-basierten Formatierprodukten ist die Unterstützung für das Rendering von SVG-Grafiken gut, teilweise wird sogar die Ausgabe von SVG-Seiten neben der PDF-Ausgabe angeboten. Der Vorteil der integrierten Nutzung von SVG in einer beliebig strukturierten XML-Umgebung liegt in den Möglichkeiten der Verlinkung zwischen Text- und Grafikinhalten, der Referenzierung von extern gehaltenen Texten in den Grafiken, der integrativen Übersetzung von Textinhalten innerhalb und außerhalb der Grafiken und anderem. Die allgemeine Durchsetzung des SVG-Standards in der Zukunft ist durch konkurrierende Entwicklungen der tonangebenden Software-Hersteller allerdings ungewiss.

Über den Anspruch zweidimensionaler Grafik hinaus geht die Virtual Reality Modeling Language (VRML) hinaus. Mit dieser, auf einer proprietären Script-Sprache beruhenden Architektur für dreidimensionale Grafik sollen virtuelle Realitäten modelliert werden können. Im Zusammenhang von SGML/XML-Grammatiken und -Anwendungen lässt sich VRML wieder nur als externes Objekt mit besonderen Darstellungswerkzeugen visualisieren oder – umgekehrt – lassen sich XML-Dokumente als externe Objekte aus VRML-Dokumenten heraus zugreifen.

4 Zusammenfassung

Standards können nicht scheitern, sie können nur ignoriert werden. Wann aber sind sie erfolgreich, wann werden sie angewandt? Aus den Darstellungen der in der Praxis relevanten Standards, mit ihren „gelebten" Informationsmodellen lassen sich einige Schlussfolgerungen ziehen: Erfolgreiche Standards werden aus speziellen Anforderungen und aus speziellen Branchen heraus definiert. Durch frühzeitige Implementierungen werden sie praxisgerecht weiterentwickelt und erst dann einem größeren Nutzerkreis zugänglich gemacht. Für eine breite Akzeptanz müssen dann bereits Software-Werkzeuge und Dienstleistungen bereit stehen. Wie eng sich die Anwendungen dann an den Standard halten, ist sehr unterschiedlich. Eine standardnahe Nutzung erleichtert und beschleunigt die Implementierung –

langfristig sicher zum Nutzen von Software-Lieferanten, Dienstleistern und letztlich der Anwender. Häufig ist ein Standard aber auch einfach ein guter Ausgangspunkt für die „Steinbruchnutzung". Dann, wenn die Anforderungen an ein Informationsmodell zu stark von einem Standard abweichen und unterschiedliche Konzepte einbezogen werden müssen.

Immer wieder wird betont, dass Standards im Allgemeinen und die beschriebenen Informationsmodelle im Speziellen, den Austausch zwischen verschiedenen Werkzeugen und Institutionen ermöglichen sollen. Gemeint ist hier oft, dass dieser Austausch der strukturierten Daten verabredungslos gesichert sein soll. Dazu muss aber der Informationslieferant mit den Rezipienten der Daten mindestens verabreden: Wie setze ich den Standard für die Strukturierung meiner Daten ein und welche Regeln gelten für die Füllung der Strukturen mit Inhalten? Auch wenn man Standards nicht unter dem Gesichtspunkt einer direkten Nutzbarkeit prüft, sondern lediglich mit dem Interesse, neue Konzepte kennenzulernen, ggf. Anregungen für eigene Anwendungen und Entwicklungen zu bekommen, lohnt die Beschäftigung mit ihnen.

In dem vorliegenden Beitrag haben wir die verschiedenen Aspekte der Standards in der technischen Dokumentation beleuchtet. Ausgehend von den verschiedenen Ebenen der Standardisierung haben wir uns auf die Informationsmodelle und deren Implementierungen auf Basis von SGML/XML-Anwendungen konzentriert. Die Beteiligten der Standardisierung wurden von ihrem organisationalen und „historischen" Hintergrund erläutert. Die in der Praxis wichtigsten Standardstrukturen S1000D, DocBook und DITA wurden mit ihren wesentlichen Eigenschaften dargestellt, sowie weitere standardisierte Informationsmodelle aus dem Umfeld der technischen Dokumentation und der Standardstrukturen für die Informationsverarbeitung. Letztere erweitern den Blick auf den prozessorientierten Austausch und die Nutzung von Produktdaten sowie auf die automatisierte Verarbeitung und Publikation standardisierter text- und grafikorientierter Dateiformate.

5 Literatur und Internetquellen

Alle hier genannten Web-Adressen sind vor der Veröffentlichung durch Zugriff überprüft worden.

AAP 1986: Markup of mathematical formulas. Electronic manuscript series. Association of American Publishers.

AAP 1987: Standard for electronic manuscript preparation and markup. Version 2.0. Association of American Publishers.

ADL: www.adlnet.gov

ANSI: www.ansi.org

Becher M. 2008: Implementierung.Ort: Fritz 2008: Kap. 6.

BME: www.BMECAT.de

CALS 1989: Computer-Aided Acquisition and Logistics Support. Seminar-Script einer Präsentation von Pamela Gennusa.

Closs S. 2007: Single Source Publishing. Topicorientierte Strukturierung und DITA. München: entwickler.press.

Closs S. 2008: Einführung in DITA. In: Fritz 2008: Kap. 2.

Closs S. 2008: Überblick über die DITA-Sprache. In: Fritz 2008: Kap. 5.

DIN: www.din.de

DIN 27: Rechnergestützte Dokumentbearbeitung von Normen. DIN-Fachbericht 27. Beuth Verlag. 1990.

DITA: www.oasis-open.org/committees/dita/

DocBook: www.docbook.org/whatis

Walsh, N. 2007: DocBook 5.0: The Definitive Guide. O'Reilly.

(www.docbook.org/tdg5/en/html/docbook.html)

Dreyer J. 2006: Situative Informationsbereitstellung an Fertigungseinrichtungen. Dissertation. Universität Stuttgart: ISW.

Drewer, P. 2007: Terminologiemanagement: Methodische Grundlagen. In: Hennig, J./ Tjarks-Sobhani, M. (Hrsg.): Terminologiearbeit für Technische Dokumentation. Lübeck: Schmidt-Römhild (Schriften zur Technischen Kommunikation 12). 54-69.

ECLASS: www.eclass.de

ECMA: www.ecma-international.org

FORMEX: formex.publications.europa.eu

FORMEX 1985: Formalised exchange of electronic publications. working document. Office for Official Publications of the European Communities.

Fritz M./ Krüger M./ Rehsöft M./ Ziegler W. 2008: DITA in der Technischen Kommunikation.Eine Entscheidungshilfe für den Einsatz. Stuttgart: tekom.

Gennusa P.L. 1999: Evolution and use of generic markup languages. In: Möhr, W./ Schmidt, I. (Hgg.): SGML und XML. Anwendungen und Perspektiven: Berlin, Heidelberg, New York: Springer.

IEC: www.iec.ch/about/history

IMPACT: Eurostand-SGML-1155 (unveröffentlicht).

ISO: www.iso.org/iso/home.htm

ISO 8879: Information processing. Text and office systems. Standard Generalized Markup Language (SGML). ISO 8879. 1986.

ISO/IEC 10744: Information technology – Hypermedia Time based Structuring Language (HyTime). ISO/IEC 10744. 1992.

ISO 13250: Topic Maps. ISO/IEC 13250. 2nd edition. 2002.

ISO 10179: Document Style Semantics and Specification Language (DSSSL). ISO/IEC 10179. 1996.

KAT: www.katalogmanager.de

Knuth, D.E. 1984: The TeXbook. Addison-Wesley.

Ley M. 2005: Kontrollierte Textstrukturen: Ein (linguistisches) Informationsmodell für die technische Kommunikation. Giessen, Justus-Liebig-Universität. (http://geb.uni-giessen.de/geb/volltexte/2006/2713/)

MAJOUR 1991: Modular Application for Journals. DTD for Article Headers. EWS European Workgroup on SGML.

MSR: www.msr-wg.de/Abschlussdoku.htm

MSRMEDOC: www.msr-wg.de/medoc

MSRSYS 2001: Element und Attribut Dokumentation. MSRSYS V. 1.2.0a. (www.msr-wg.de/Abschlussdoku.htm)

mumasy: www.mumasy.org

Neitzke M. 2002: Lufthansa Systems: ATA iSpec 2200. Nutzen für den Endanwender. Präsentationsfolien (unveröffentlicht).

OASIS: www.oasis-open.org

Ooo: www.openoffice.org

S1000D: www.s1000d.org

S2000M: www.namsa.nato.int/s2000m/s2000m_over_e.htm

Schober M. 2006: Durchgehender 3D-Prozess mit Neuheiten von Adobe und Dassault/Microsoft. In: tekom (Hg.): Tagungsband der tekom-Frühjahrstagung 2006. Stuttgart: tekom. S. 101-104.

Schütze, A. 2004: Airbus: ATA iSpec 2200 Overview. Präsentationsfolien. www.spec2000.com/presentations/andreass.pdf.

Spec1000D: Spec 1000D, AECMA, Initial edition July 1990 (nicht öffentlich publiziert). S1000D. ATA - ASD - AIA. Issue 3.0. 2007

Straub D., Ziegler W. 2007: Die Systemlandschaft in der Technischen Kommunikation. Wer nutzt welches Tool? In: technische kommunikation 2, Jg. 29, S. 32-36.

TEI: Guidelines for the encoding and interchange of machine-readable texts. TEI P1. The Association for Computers and the Humanities et al. 1190.

unicode: www.unicode.org

VDMA: www.vdma.org

VRML: Virtual Reality Modeling Language (VRML). Part 1. ISO/IEC 14772-1, 1997; Virtual Reality Modeling Language (VRML). Part 2. ISO/IEC 14772-2, 2004 (www.web3d.org/x3d/specifications/vrml/ISO-IEC-14772-VRML97)

W3C: www.w3.org/Consortium

W3CmathML: Mathematical Markup Language (MathML). Version 2.0. W3C Recommendation, 2003

W3CSVG: Scalable Vector Graphics (SVG). 1.1 Specification. W3C Recommendation. 2003.

W3CXSL: Extensible Stylesheet Language (XSL). Version 1.1. W3C Recommendation. 2006.

W3CXSLT: XSL Transformations (XSLT). Version 2.0. W3C Recommendation. 2007.

Ziegler W., Muthig J., Blocher K.-L. 1997: LIEBHERR Funktionsdesign – Leitfaden für die SGML-gestützte technische Dokumentation. Lindau: Tanner Dokuments (unveröffentlicht).

Ziegler W. 2005: Variantenverwaltung in CMS. Fünf Methoden für die Feinarbeit. technische kommunikation 3, Jg. 27, S. 40 - 44.

Ziegler W. 2007: Die richtige Größe finden. Modularisierung von Produktdokumentationen. Produkt Global 5, S. 22-25.

Funktionsdesign® – methodische Entwicklung von Standards

Jürgen Muthig / Robert Schäflein-Armbruster

Technische Dokumentationen gehören zu den hochgradig strukturierbaren Textsorten. Ihr Prototyp, die Bedienungsanleitung, ist durch Gesetze und Normen inhaltlich und sequenziell klar definiert. Dennoch schreiben alle Autoren im Redaktionsteam unterschiedlich. Um hier Konsistenz auf qualitativ hohem Niveau zu erreichen, haben Schäflein-Armbruster und Muthig Überlegungen aus Sprechakttheorie und Tübinger Kommunikationsanalyse genutzt und in der Funktionsdesign-Methode weiterentwickelt.

Ausgangspunkt der Methode ist der Gedanke, dass Technische Redakteure monologisch-schriftlich mit einem durch zielgruppenanalytische Verfahren profilierten Anwender kommunizieren. Dabei vollziehen sie in bestimmter Abfolge "Sprechakte". Bei der Beurteilung der Eignung dieser Sprechakte sind das kommunikative Ziel der Textsorte, die Merkmale der Zielgruppe und didaktische Prinzipien zu berücksichtigen.

Um diesen Kommunikationsprozess zu standardisieren, arbeitet der "Funktionsdesign-Entwickler" vor. Er wählt geeignete Sprechakte aus und definiert damit das kommunikative Handlungsarsenal der zukünftigen Autoren. Dann definiert der Funktionsdesign-Entwickler, an methodenspezifischen Kategorien orientiert, Regeln für die Verwendung dieser "Funktionalen Elemente". Heraus kommt ein firmen- und textsortenspezifischer Standard, der allen nutzt: dem Autor, der sich auf die Inhalte konzentrieren kann, da die Darstellungsstrategie entschieden ist; dem Leser, da er mit konsistenten, qualitativ hochwertigen Texten rascher zum Ziel kommt; dem Unternehmen, das durch konsistente Dokumentenerstellung Kosten spart, z. B. bei der Übersetzung.

1 Entstehungsgeschichte

Den Namen "Funktionsdesign-Methode" haben wir erstmals 1990 verwendet, um ein von uns entwickeltes, systematisches Vorgehensmodell zur Standardisierung der Textproduktion zu bezeichnen.

Wir schwammen damals in der linguistischen Fakultät der Universität Tübingen in einer akademischen Nährlösung, die sich zu großen Anteilen aus den Schriften zur linguistischen Handlungstheorie und den scharfsinnigen Diskursen der kommunikationsanalytisch orientierten Schule um den Sprachwissenschaftler Gerd Fritz zusammensetzte (Fritz 1982; Fritz 1994).

Die Beschäftigung mit der linguistischen Verständlichkeitsforschung, angestoßen durch Hans-Jürgen Heringers Publikationen (Heringer 1980; Heringer 1984), weckte die Neugier auf empirische Anwendung im damals gerade entstehenden neuen Praxisfeld der Computer-Handbücher. Wir führten videogestützte Anwendertests durch und versuchten uns an der systematischen Optimierung der Texte anhand einer selbst entwickelten Typologie von Verstehensproblemen.

Dieses diagnostische Instrumentarium hatte aber für die Textoptimierung nur eine begrenzte Reichweite, weil der Fokus auf das jeweils spezifische Verstehensproblem gerichtet war. Dies führte zu kosmetischen Änderungen an den Texten, die – als Verbesserung gedacht – oft die Statik des gesamten Textgerüsts ins Wanken brachte. Darum suchten wir nach einem ganzheitlichen Textproduktionsansatz.

Einen solchen Ansatz fanden wir in der Sprechakttheorie von Austin und Searle (1969), angereichert durch Überlegungen aus dem Umfeld der Tübinger Kommunikationsanalyse. Der Kerngedanke, dass jede bei klarem Verstand vollzogene Äußerung als Sprechakt beschreib- und klassifizierbar ist, sollte sich als äußert fruchtbar erweisen. Wie wir diesen Kerngedanken für die Entwicklung der Funktionsdesign-Methode nutzten, dazu unten mehr.

Die Methode selbst setzten wir schon bald als freiberufliche Berater für Technische Dokumentation in der Ausbildung Technischer Autoren und in Industrieprojekten ein. Der Standardisierungsgrad technischer Dokumentationen war Anfang der 90er-Jahre noch stark unterentwickelt, der Einsatz der Methode zur Erarbeitung firmenspezifischer Standards wurde zur Erfolgsgeschichte.

Durch die Kooperationen mit Dienstleistern und die Multiplikation durch zahlreiche Weiterbildungsteilnehmer und die Studierenden der Hochschulen Karlsruhe (Muthig) und Furtwangen (Schäflein-Armbruster) hat die Methode bis dato einen hohen Verbreitungsgrad erreicht.

Um missbräuchlicher Werbung mit der Funktionsdesign-Methode entgegen zu treten und für die Zukunft vorzubeugen, ist Funktionsdesign® seit 2006 als Marke geschützt.

2 Bestandteile der Funktionsdesign-Methode

Die Funktionsdesign-Methode besteht aus vier Komponenten:

- der sprechakttheoretisch-kommunikationsanalytischen Betrachtungsweise
- einem Vorgehensmodell in sieben Schritten
- dem funktionsdesignspezifischen Instrumentarium
- dem darin enhaltenen Ebenenmodell und den Kategorien zur Entwicklung von Festlegungen für die Funktionalen Elemente

2.1 Wissenschaftliche Grundlagen: die sprechakttheoretisch-kommunikationsanalytische Betrachtungsweise

Die theoretischen Wurzeln der Funktionsdesign-Methode finden sich in der Sprechakttheorie, wie sie von dem kalifornischen Sprachphilosophen Searle (1969) bekannt gemacht wurde, und der Tübinger Kommunikationsanalyse, die sich in der linguistischen Schule um Gerd Fritz etabliert hat (Fritz 1982). Vereinfacht dargestellt, sieht der Sprechakt-Theoretiker eine sprachliche Äußerung als sprachliche Handlung (Illokution), die ein Sprecher in einer kommunikativen Absicht (Perlokution) vollzieht. Dabei "transportiert" er Inhalte (Proposition).

An diese Betrachtungsweise knüpft die Funktionsdesign-Methode an. Sie fragt: Welche sprachlichen Handlungen vollzieht der Autor, wenn er z. B. eine Bedienungsanleitung verfasst? Im Unterschied zur mündlich-dialogischen Kommunikation handelt es sich hier um eine schriftlich-monologische Kommunikationsform, die zeitversetzt stattfindet. Diese Besonderheit stellt spezifische Anforderungen an die Herstellung des schriftlichen Textes. Grundsätzlich handelt es sich aber auch hier, wie im mündlichen Dialog, um den Vollzug sprachlicher Handlungen, die ein Autor (Sprecher) in bestimmter Weise sequenziert, um ein definiertes kommunikatives Ziel zu erreichen.

Die Entwicklung und Weiterentwicklung der Funktionsdesign-Methode wurde seit Anfang der 90er-Jahre kontinuierlich durch empirische Tests begleitet. In den Usability-Labors und Lehrveranstaltungen der Hochschulen Furtwangen und Karlsruhe fanden in den letzten Jahren zahlreiche Tests mit Probanden sowie Expertenevaluationen statt.

Diese Untersuchungen waren jedoch stärker auf die Sammlung praxisnaher Erfahrungen und auf die iterative Verbesserung der geprüften Informationsprodukte gerichtet als auf den quantitativ und qualitativ validen Beleg der größeren Verständlichkeit von Informationsprodukten, die nach einem Funktionsdesign-Standard erstellt wurden. Eine umfassende neutrale Untersuchung, die konventionell erstellte Texte mit standardbasierten Texten vergleicht, ist ein dringliches Forschungsdesiderat. Diese Forderung betrifft jedoch auch andere etablierte Methoden.

2.2 Das Vorgehensmodell

Die Funktionsdesign-Methode ist ein Vorgehensmodell zur Strukturierung und Standardisierung von primär informationsvermittelnden Texten, Bildern und multimedialen Darstellungsformen.[1]

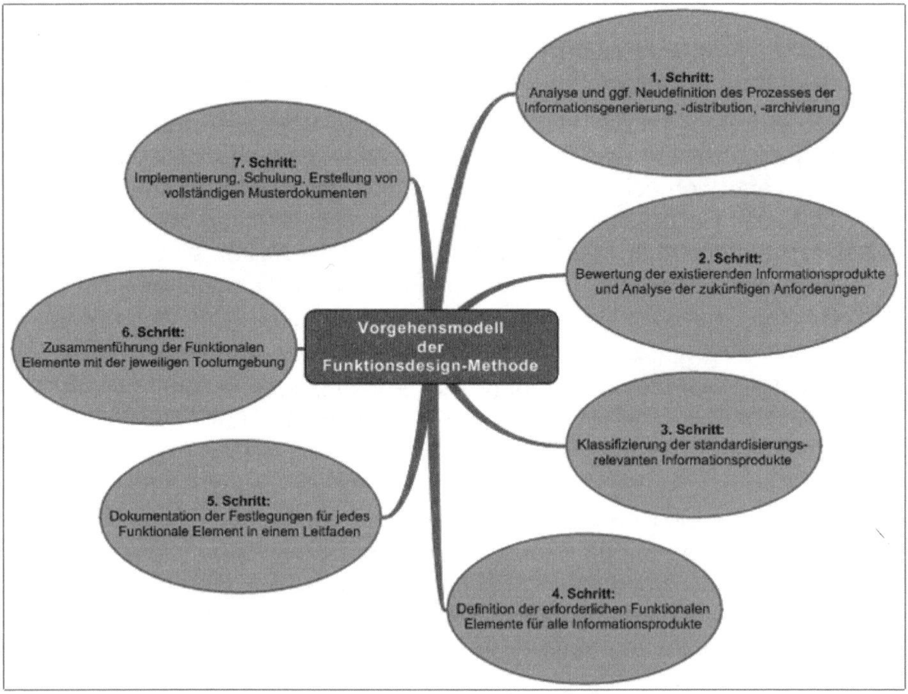

Zum Funktionsdesign-Standard in sieben Schritten

Im Vorgehensmodell ist die Entwicklung eines Funktionsdesign-Standards prototypisch in sieben Schritten dargestellt.

1 Um der Vielfalt der Darstellungsformen gerecht zu werden, sprechen wir hier und im Folgenden nicht nur von Dokumenten, sondern verwenden den übergreifenden Terminus Informationsprodukte.

1. Schritt: Analyse und ggf. Neudefinition des Prozesses der Informationsgenerierung, -distribution, -archivierung.

Dieses Reengineering des Dokumentationsprozesses ist kein absolutes Muss für die Entwicklung eines Funktionsdesign-Standards. Ratsam ist auf alle Fälle eine Analyse, um sicher zu stellen, dass keine überkommenen Informationsprodukte standardisiert werden, die in dieser Form gar nicht den Anwenderbedürfnissen entsprechen. Im Zuge der Einführung eines Redaktionssystems ist die Neudefinition des Dokumentationsprozesses ohnehin erforderlich.

2. Schritt: Bewertung der existierenden Informationsprodukte und Analyse der zukünftigen Anforderungen.

Zur Klassifizierung der Informationsprodukte (3. Schritt) und zur Definition der erforderlichen Funktionalen Elemente (4. Schritt) ist eine Analyse des Ist-Zustandes der existierenden Informationsprodukte unerlässlich. Wichtig ist hierbei, die bereits verwendeten Funktionalen Elemente zu identifizieren und den Bedarf an benötigten Funktionalen Elementen festzustellen. Außerdem finden sich bei dieser Analyse oft Hinweise, worauf bei den Festlegungen besonders zu achten ist. Diese Erkenntnisse fließen später in den Leitfaden ein. Häufig finden sich auch "Best Practices" in den bereits vorhandenen Informationsprodukten, die "nur" noch standardisiert werden müssen.

3. Schritt: Klassifizierung der standardisierungsrelevanten Informationsprodukte.

In fast allen Unternehmen existieren bereits klar definierte Typen von Informationsprodukten. Eine anschauliche Übersicht ist aber selten zur Hand. Argumente, warum in *diesem* Typ *diese* Inhalte in *dieser* Form dargeboten werden, müssen oft erst mühsam rekonstruiert werden. Darum wird im 3. Schritt Tabula rasa gemacht und vom Anwender her gefragt: Welches Informationsbedürfnis kann mit welchem Informationsprodukt mit welchem Medium und mit welcher Gestaltung am Optimalsten befriedigt werden? Hieraus ergibt sich oft eine neue Klassifikation der Dokumentarten, die besser auf den Anwender abgestimmt ist.

4. Schritt: Definition der erforderlichen Funktionalen Elemente für alle Informationsprodukte.

In diesem Schritt beginnt der Funktionsdesign-Entwickler sein Kerngeschäft. Er legt für jeden Informationsprodukt-Typ fest, welche Funktionalen Elemente die Autoren dieses Informationsprodukt-Typs benötigen, um das Informationsbedürfnis der Zielgruppe optimal zu befriedigen. Gerade für anweisende Dokumentarten wie Betriebs- oder Wartungsanleitungen lassen sich auch für noch unerfahrene Funktionsdesign-Entwickler rasch gute Ergebnisse erzielen.

5. Schritt: Dokumentation der Festlegungen für jedes Funktionale Element in einem Leitfaden für die Autoren.

Ohne Leitfaden für die Autoren kann eine konsistente Dokumentationsproduktion nicht sichergestellt werden. Konsistenz allein ist aber noch kein Qualitätskriterium. Darum ist der Funktionsdesign-Entwickler am stärksten gefordert, wenn er die Festlegungen trifft, die die Autoren bei der Verwendung der Funktionalen Elemente einhalten müssen. Hier unterstützt die Methode mit Festlegungskategorien (siehe unten Abschnitt "2.3 Instrumentarium").

6. Schritt: Zusammenführung der Funktionalen Elemente mit der jeweiligen Tool-Umgebung (Erfassung, Archivierung, Publishing).

In diesem Schritt werden die im Funktionsdesign-Standard getroffenen Festlegungen mit den Möglichkeiten abgeglichen, die das Erfassungs- bzw. Publishingtool bereitstellt. DTP-Tools können in der Regel Teile der getroffenen Festlegungen über Dokument- und Formatvorlagen übernehmen. So muss sich der Autor beispielsweise um den Aspekt Gestaltung nicht mehr kümmern. Noch interessanter wird die Zusammenführung von Funktionsdesign und XML, da es mit XML möglich ist, die Sequenzierungsregeln aus dem Funktionsdesign abzubilden. Hier ergeben sich wertvolle Synergien im Hinblick auf die strukturelle Konsistenz von Dokumenten.

7. Schritt: Implementierung, Schulung, Erstellung von Musterdokumenten.

Im letzten Schritt müssen alle getroffenen Festlegungen in den Dokumentationserstellungsprozess implementiert und die Mitarbeiter auf die neue Arbeitsweise geschult werden. Außerdem müssen Musterdokumente erstellt werden. Sie haben einen doppelten Nutzen. Sie sind ein Beleg dafür, dass das erarbeitete Konzept erfolgreich umsetzbar ist. Gleichzeitig sind sie schon bei der Erstellung ein wichtiges Korrektiv für den Funktionsdesign-Entwickler. Denn auch er muss am Ende hin und wieder feststellen, dass Details nachgebessert werden müssen. Ist das angestrebte Ziel erreicht, ist es sinnvoll, die Musterdokumente in den Leitfaden für die Autoren zu integrieren, denn nichts lehrt besser als ein gutes Beispiel.

Empfehlungen für die Umsetzung

Die sieben Schritte zum Funktionsdesign-Standard können nur erfolgreich vollzogen werden, wenn der Weg gut geplant ist und die größten Hindernisse beseitigt sind. Hierzu folgende Empfehlungen:

- Die konzeptionelle Entwicklung eines Funktionsdesign-Standards sollte man nicht übers Knie brechen. Workshops mit erfahrenen

Funktionsdesign-Entwicklern, Schleifen und Rückkopplungen mit den Autoren müssen eingeplant werden.

- Die Kompromisse bei den Festlegungen für die Funktionalen Elemente fallen wegen kontroverser Diskussionen nicht immer leicht. Hier ist kompetente und diplomatische Moderation gefragt.
- Es muss ein klares Bekenntnis für diesen Weg geben – bis in die Entscheider- und Führungsebene hinein.
- Das Ziel muss klar definiert und die die Maßnahmen müssen klein und in den Aufwänden einschätzbar heruntergebrochen sein.
- Gute Kommunikation ist elementar. Wir empfehlen nachdrücklich, den Standard unter Beteiligung möglichst vieler Autoren zu stricken. Ein oktroyierter Standard hat kein langes Leben.
- Die Tool-Integration des Funktionsdesign-Standards muss gründlich geplant, implementiert und evaluiert werden.
- Es gibt keine automatisierbare Lösung für die Migration von unstrukturierten Altdaten. Entweder man macht einen harten Schnitt oder arbeitet aufwändig nach.

Festlegung des kommunikativen Handlungsarsenals

Der Funktionsdesign-Entwickler vollzieht den ersten entscheidenden Standardisierungsschritt, indem er für einen bestimmten Informationsprodukt-Typ festlegt, welche kommunikativen Handlungen die Autoren verwenden dürfen, um ein Informationsprodukt dieses Typs zu erstellen.

Dabei berücksichtigt er folgende Faktoren:

- die Inhalte, die mit Informationsprodukten dieses Typs dargestellt werden;
- die Zielgruppe/n (mit ihren Nutzungsmotiven, kognitiven Fähigkeiten, ihrem Vorwissen etc.);
- das kommunikative Ziel des Informationsprodukt-Typs (z. B. den Anwender zu unterstützen, schnell und sicher zum Produktnutzen zu kommen im Falle der Bedienungsanleitung);
- didaktische Prinzipien, die sich für Wissensvermittlung und Kompetenzaufbau bewährt haben (z. B. prozedurales Wissen anleitend zu vermitteln oder ein Kapitel, in dem komplexe Sachverhalte vermittelt werden, durch einen Advance Organizer einzuleiten).

Für die zu dokumentierenden Inhalte gibt es insbesondere für den Maschinen- und Anlagenbau gesetzliche Vorgaben, die durch Normen und Richtlinien ergänzt bzw. spezifiziert werden. Mindestinhalte bzw. Strukturierungsempfehlungen finden sich z. B. in der EU-Maschinenrichtlinie, der DIN EN 62079, der DIN EN 12100-2, Kap. 6 und im tekom-Leitfaden Betriebsanleitungen.

Methodisch kann der Funktionsdesign-Entwickler bei der Zielgruppenanalyse u. a. auf die Topic-Audience-Matrix (Weiss 1991; Juhl 2005) zurückgreifen oder auf die Persona-Methode (Cooper 2004; Mulder/Yaar 2006; Pruitt/ Adlin 2007).

Didaktische Prinzipien finden sich u. a. bei dem Kognitionspsychologen Steffen-Peter Ballstaedt (1997), der den Ansatz des "Didaktischen Designs" für die Aufbereitung von Lehr- und Lernunterlagen darstellt und verwendet.

2.3 Instrumentarium

Bei der Umsetzung des Vorgehensmodells greift der Funktionsdesign-Entwickler u. a. auf zwei methodische Hilfsmittel zu:

- das Ebenenmodell
- die Festlegungskategorien

Das Ebenenmodell

Die Funktionsdesign-Methode unterscheidet vier Ebenen bei der funktionalen Betrachtung von Informationsprodukten. Diese Ebenen sind im Funktionsdesign-Logo repräsentiert.

Informationsprodukt

Auch wenn Informationen zunehmend bausteinorientiert erstellt werden, so begegnen sie dem Nutzer am Ende in aller Regel in einem klassifizierten „Bündel", als Papier- oder Online-Dokument oder als (multi-)mediale Anwendung.

"Klassifiziert" heißt, dass jedes Informationsprodukt einer bestimmten, genau beschreibbaren Textsorte angehört. Textsorten sind geltende Muster für komplexe sprachliche Handlungen. In der Technischen Dokumentation bewegen wir uns in einem Bereich stark konventionalisierter und normierter Textsorten.

Textsorten lassen sich als typische Verbindungen von kontextuellen (situativen), kommunikativ-funktionalen und strukturellen (grammatischen und thematischen) Merkmalen beschreiben (Brinker 2001:129ff.). Exakt diese Differenzierung leistet der Funktionsdesign-Entwickler auf dieser obersten Ebene des Funktionsdesigns bei der Standardisierung der Informationsprodukte.

Aufstellanweisung, Betriebsanleitung, Produkt- und Ersatzteilkatalog, Installationsanleitung (auch als Utility-Film), Kurzanleitung, Online-Hilfe, Preis-

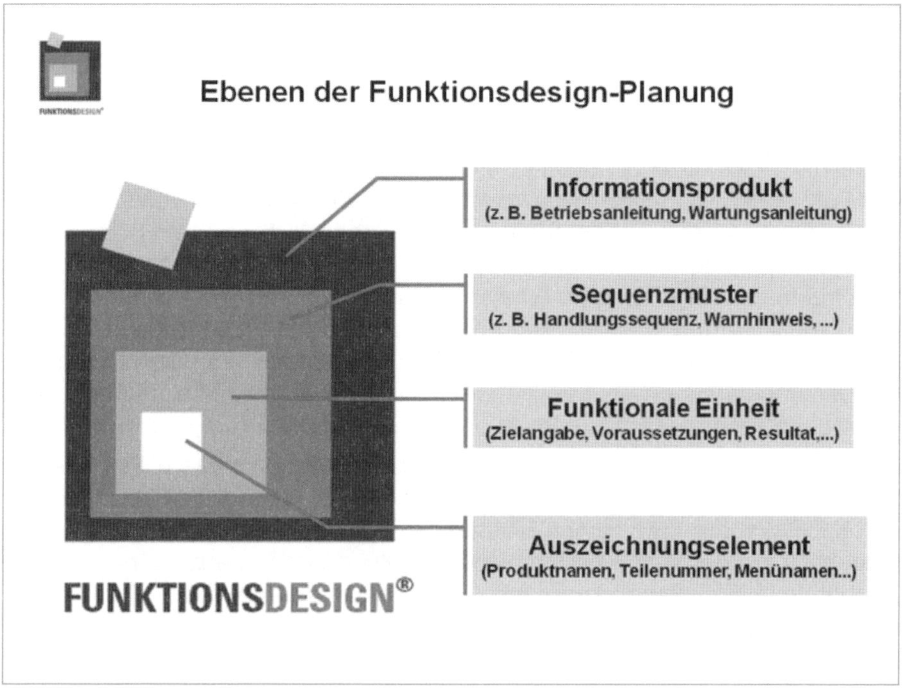

liste, Service-Handbuch, Software-Handbuch, Schnittstellenbeschreibung, Technische Information, Umbauanleitung, Wartungs-Handbuch – diese und weitere sind typische Informationsprodukte, die es sinnvoll und konsistent zu strukturieren und vonaneinander abzugrenzen gilt.

Um dies mit optimalem Ergebnis leisten zu können, muss der Funktionsdesign-Entwickler die Zielgruppen des zu definierenden Informationsprodukts möglichst präzise modellieren, die international gültigen gesetzlichen und normativen Anforderungen kennen, Branchen- und Firmen-Gepflogenheiten reflektieren (nicht immer akzeptieren) sowie das Produkt und die Produktstruktur gut kennen.

Nur auf dieser Basis kann es ihm gelingen, das spezifische Informationsprodukt im gesamten Informationsangebot des Unternehmens präzise zu platzieren, Überflüssiges zu eliminieren, alles Wichtige in eine adressatengerechte Reihenfolge von Kapiteln und Unterkapiteln zu fügen, das passende Medium und Format sowie die angemessenen Mittel für den Informationszugriff zu standardisieren.

Ziel des Funktionsdesign-Entwicklers auf dieser Ebene ist es, eine vorgefertigte Makrostruktur bereit zu stellen, in der alle anfallenden Inhalte vom Autor klar platziert und vom Nutzer sicher aufgefunden werden können – stets mit Blick auf das gesamte Informationsangebot, nicht fixiert auf das spezifische Informationsprodukt.

Sequenzmuster

Steht die Makrostruktur für alle relevanten Informationsprodukte, so kann der Funktionsdesign-Entwickler daran gehen, die typischen Abfolgen (kommunikativen Muster) zu identifizieren, aus denen sich das Informationsprodukt aufbaut. Sequenzmuster, das sind im Funktionsdesign die identifizierten strukturell "vorgefertigten Raster" auf mittlerer Ebene, die kontextspezifisch gefüllt werden können. Sequenzmuster sind die Strukturbausteine, aus denen Informationsprodukte aufgebaut sind. Zusammengesetzt sind die Sequenzmuster aus den Funktionalen Einheiten, die wir im nächsten Abschnitt erläutern.

Nicht für jede mögliche Abfolge Funktionaler Einheiten muss ein definiertes Sequenzmuster festgelegt sein. Die Modellierung von Sequenzmustern empfiehlt sich nur für typische Muster, die in der jeweiligen Textsorte häufig eingesetzt werden und eine hinreichende Strukturkonsistenz aufweisen. Die Anzahl definierter Sequenzmuster muss überschaubar bleiben.

Wenn – um einige Beispiele zu nennen – die Sequenzmuster Baugruppen-Beschreibung, Handlungssequenz, Orientierung (Advance Organizer), Sicherheitshinweis, Störungstabelle, Warnhinweis und Wartungsplan optimal abgestimmt und mit einem Mausklick aufrufbar vorliegen, so können diese Elemente immer und immer wieder genutzt werden. Mit dem sicheren Gefühl, dass deren innere Struktur, der inhaltliche (und ggf. didaktische) Aufbau intensiv durchdacht und auf die Bedürfnisse von Nutzern und Unternehmen angepasst sind.

Wer in Trainingsdokumenten Beispiele einsetzen will, der kann jeweils individuell die Struktur, also die Nennung von Lernzielen, Wissensvoraussetzungen, Tipps zum Vorgehen, Angaben zu Lernform und Medieneinsatz und Lernzielkontrolle neu kreieren. Er kann sich jedoch auch als Funktionsdesign-Entwickler betätigen und einmal (!) das Sequenzmuster "Beispiel" nach allen Regeln der Kunst modellieren, dieses Modell als Sequenzmuster ablegen, den Umgang mit diesem Sequenzmuster im Redaktionsleitfaden vermitteln und durch ein Muster-Beispiel plastisch machen.

Leitend für die Festlegung von Sequenzmustern ist der Sequenzierungsaspekt, der sowohl von lern- und handlungslogischen sowie didaktischen Prinzipien als auch von inhaltlichen Aspekten bestimmt ist. Sequenzmuster bilden ein "Muster", weil sie aus einer typischen Abfolge Funktionaler Einheiten aufgebaut sind.

Funktionale Einheit

Funktionale Einheiten können als Keimzelle und besondere Stärke der Funktionsdesign-Methode gelten. Cum grano salis kann man sagen, dass eine Funktionale Einheit dem Sprechakt der Sprechakttheorie entspricht. Hier bewegen wir uns auf der Ebene der Regeln, die im redaktionellen Alltag unentwegt angewandt werden müssen – und die gerade deshalb nach kurzer Einarbeitungszeit in Fleisch und Blut übergehen.

Der Anspruch, dass jeder Satz und Abschnitt eines Textes einer spezifischen kommunikativen Funktion zugeordnet werden kann und dass die geeigneten Regeln für Verwendung, Inhalt, Sequenzierung, Formulierung und Gestaltung der Elemente präzise definiert werden können, bildete den Ausgangspunkt der Idee zum Funktionsdesign.

Beispiele für Funktionale Einheiten sind: Themenangabe, Ziel- und Teilzielangabe, Voraussetzung, Einführung, Erklärung, Bedingungsangabe, Maßnahme, Handlungsaufforderung, Resultat, Bildbenennung, Legende, Verweis.

Auch wer nicht nach einem Funktionsdesign-Standard schreibt, vollzieht sprachliche Handlungen im sprechakttheoretischen Sinne. Die Qualität und Konsistenz dieser Texte ist jedoch tagesformabhängig und differiert von Autor zu Autor. Erst im Redaktionsleitfaden dokumentierte Festlegungen für jede Funktionale Einheit schaffen die Voraussetzung für konsistente Textproduktion auf qualitativ hohem Niveau.

Zentraler Aspekt für die Festlegung Funktionaler Einheiten ist – der Name ist Programm – die kommunikative Funktion. Für jede Funktionale Einheit wird definiert und im Redaktionsleitfaden dokumentiert, wofür die Funktionale Einheit eingesetzt wird und wofür nicht. Beispielsweise handelt ein Funktionsdesign-Entwickler klug, wenn er die Funktionale Einheit Hinweis sorgfältig von Tipp und Warnhinweis abgegrenzt; jeder der Autoren muss exakt wissen, wann er welche Funktionale Einheit verwendet.

Soweit spezifische Inhalte konstitutiv sind für die Regelung der Funktionalen Einheiten, werden diese definiert. Stets wird die Sequenzierung geregelt – notwendige Voraussetzung für einen lern- und handlungslogischen Aufbau der Dokumente und unabdingbar für XML-Umgebungen.

Für die Funktionalen Einheiten legt der Funktionsdesign-Entwickler die Formulierungsmuster (Satzbau, Serialisierung, ggf. Terminologie) möglichst präzise fest. Eine Festlegung, die sich nicht nur in der Entlastung der Autoren, sondern ganz wesentlich in den Einsparungspotenzialen beim Arbeiten mit Translation Memory Systemen (TMS) auswirkt. Konsistente Satzbaumuster erhöhen – in Verbindung mit Terminologienormung – die Trefferquote des TMS erheblich und verbessern die Verständlichkeit der Texte (vgl. Drewer 2008).

Auch in Zeiten von Content-Management und XML ist die Gestaltung – das "Design" – von Informationen keineswegs marginal. Für jede Funktionale Einheit regelt der Funktionsdesign-Entwickler die typografische Gestaltung, Einzüge, Abstände, funktionale Kennzeichnungen durch Piktogramme oder durch die explizite Nennung der Funktion (z. B. Hinweis, Tipp).

Ein sorgfältiges Design der Texte (Print und Online) kann die Struktur der Texte wesentlich transparenter machen, schnelle Zugriffe ermöglichen und eine positive Anmutung sichern.

Auszeichnungselement

Häufig lohnt es sich, auf der untersten Ebene des Funktionsdesigns, also innerhalb der Funktionalen Einheiten, definierte Gruppen kategorial gleicher Gegenstände zu identifizieren und auszuzeichnen.

Erscheinen beispielsweise Meldungen auf dem Display eines Geräts, so ist es sinnvoll, das Auszeichnungselement "Displaytext" zu definieren und zu regeln. Nicht sinnvoll ist die typografie-orientierte Benennung von Auszeichnungselementen.

Der Funktionsdesign-Entwickler identifiziert die Kategorien von Gegenständen, die in der Dokumentation immer wieder vorkommen und die vom Nutzer (oder auch vom Textproduzenten) auf den ersten Blick als Zugehörige einer bestimmten Kategorie erkannt werden sollen oder auf die selektiv zugegriffen werden soll.

Typische Beispiele für Auszeichnungselemente sind: Anzeige, Druckausgabe, Markenname, Menü, Menüpfad, Schaltfläche, Softkey, Taste etc. In der Regel wird die Zugehörigkeit zu einem bestimmten Typ von Auszeichnungselement mit einer bestimmten typografischen Darstellung (Schriftart, fett, kursiv, Anführungszeichen etc.) gekoppelt sein. Um die Verwaltung, Umstellungen und Änderungen zu erleichtern, kann es jedoch durchaus sinnvoll sein, Auszeichnungselemente zu definieren, die sich beim Publishing typografisch nicht auswirken.

Nicht zu verwechseln mit den Auszeichungselementen sind Gestaltungsmittel wie Listen oder Tabellen. Gestaltungsmittel dienen lediglich der optischen Aufbereitung, unterstützen die Funktionen sinnvoll und schaffen Übersicht.

Gestaltungsmittel regelt der Funktionsdesign-Entwickler übergreifend und/ oder bei der Festlegung der Gestaltungsregeln für Sequenzmuster und Funktionale Einheiten.

3 Erörterung verschiedener Aspekte der Funktionsdesign-Methode

3.1 Standard oder Methode?

Mit Funktionsdesign bezeichnen wir einen meist firmenspezifischen Standard für Informationsprodukte der Technischen Dokumentation, der mit der Funktionsdesign-Methode entwickelt wurde.

Aus Lehre und Praxis wissen wir, dass der wichtige Unterschied zwischen Methode und Standard terminologisch oft verwischt wird, indem beides als "Funktionsdesign" bezeichnet wird. Darum weisen wir nachdrücklich darauf hin, dass die Funktionsdesign-Methode ein Vorgehen zur Entwicklung eines Standards beschreibt. Die bei der Entwicklung getroffenen Regeln, Festlegungen und Entscheidungen werden ebenfalls oft als Teil der Methode oder allgemein als Teil "des Funktionsdesigns" missverstanden (so z. B. Ley 2005:51). Richtig ist hingegen, dass die Methode fordert, dass für die Festlegungskategorien Regeln formuliert werden sollen. Welche Regeln jedoch für die firmen- und textsortenspezifischen Anforderungen geeignet sind, entscheidet der Funktionsdesign-Entwickler bzw. des Entwicklungsteam.

3.2 Universell und flexibel

In einer früheren Publikation haben wir die Funktionsdesign-Methode als universell und flexibel bezeichnet (Muthig/Schäflein-Armbruster 1999).

Der Universalitätsanspruch meint, dass die Methode für die Entwicklung von Standards für grundsätzlich alle Textsorten bzw. Informationsprodukte eingesetzt werden kann. Dies begründet sich aus der theoretischen Fundierung in der Sprechakttheorie. Allerdings ist die Methode auf hochgradig strukturierbare Informationstexte wesentlich leichter anzuwenden als auf Klassiker der Weltliteratur. Gemeinsam ist diesen unterschiedlichen Textsorten jedoch, dass der Autor sequenziell sprachliche Handlungen vollzieht, deren Eigenschaften beschreibbar und oft auch standardisierbar sind.

Für einen Roman gelten jedoch völlig andere Textproduktionsprinzipien, die sich in den entsprechenden Produktionsregeln niederschlagen. Die Meisterschaft des Romanschreibens besteht dann darin, intuitiv Regeln zu folgen, die man als Autor oft selbst nicht benennen kann und die zu explizieren gut ausgebildete Literaturwissenschaftler benötigt werden.

Universell meint auch, dass die Methode nicht auf Sprache als Mittel der Kommunikation beschränkt ist, sondern grundsätzlich auf alle Kommunikationsmittel anwendbar ist wie elektronische, topicorientierte Online-Dokumentation, Grafiken, Bewegtbilder und alle kombinierten Darstellungsformen in multimedialen Anwendungen.

Diese Mächtigkeit der Methode hängt mit ihren kommunikationstheoretischen Wurzeln zusammen. Auch die technologisch fortgeschrittensten Darstellungsformen werden von Autoren (Wissensvermittlern) verwendet, um kommunikative Handlungen zu vollziehen. Die Wahl des Mediums basiert lediglich auf Annahmen oder empirischen Nachweisen im Hinblick auf die Lerneffektivität bzw. die Effektivität der Informationsvermittlung (vgl. Schober 2008).

Flexibel ist die Funktionsdesign-Methode in erster Linie, weil die Funktionalen Elemente bedarfsabhängig und nutzenoptimiert definiert werden können. Nehmen wir das Beispiel der hypertextuellen Online-Dokumentation. Hier können nicht nur Topic-Typen funktional definiert werden, sondern auch die Beziehungen zwischen den einzelnen Topics (vgl. Closs 2007).

Der Flexibliätsanspruch bezieht sich aber auch auf die Tool- und Plattformunabhängigkeit der Methode. Ein nach der Funktionsdesign-Methode entwickelter Standard kann mit MS-Word genauso umgesetzt werden wie mit FrameMaker oder XML-basierten Redaktionssystemen.

3.3 Standardisierung vs. Modularisierung

Die wichtige Unterscheidung von "Standardisierung" und "Modularisierung" wird an einem einfachen Beispiel rasch deutlich.

Wenn wir mit Funktionsdesign das Sequenzmuster Warnung standardisieren, dann ist in Anlehnung an entsprechende Normen und Richtlinien definiert, dass dieses Sequenzmuster aus den Funktionalen Einheiten Piktogramm, Signalwort, Art/Quelle der Gefahr, Folgen und Maßnahmen besteht. Darüber hinaus sind für diese notwendigen Funktionalen Einheiten die Formulierungsmuster und die Gestaltung geregelt. Nicht hinreichend festgelegt ist, mit welchen konkreten Inhalten das gesamte Sequenzmuster und die darin enthaltenen Funktionalen Einheiten gefüllt werden.

Ausgestattet mit diesem standardisierten Sequenzmuster kann der Autor ebenso warnen vor dem Trinken von zu heißem Kaffee wie vor dem Erschlagen-Werden von einer 40-Tonnen-Walze. Die inhaltliche Füllung ist flexibel, das funktionszentrierte strukturelle Muster bleibt konstant. Inhalte wechseln tausendfach, die Funktionalen Elemente, die für eine bestimmte Textsorte oder eine Familie von Textsorten erforderlich sind, bleiben hingegen unverändert und in der Zahl überschaubar.

Ist die Rede von einem "Funktionalen Element" (unabhängig von der Betrachtungsebene), so ist die inhaltliche Füllung stets ausgeklammert – hier bewegen wir uns auf dem Feld der Standardisierung. Füllen wir ein Funktionales Element mit spezifischem Inhalt und legen dieses inhaltsgefüllte Element als Baustein für die Wiederverwendung ab, so sprechen wir von einem "Modul".

Funktionsdesign ist zunächst eine Methode zur strukturellen Standardisierung von Informations-Elementen. Jedoch ist Standardisierung stets die Voraussetzung für Modularisierung – und somit ist die Methode Funktionsdesign (oder eine Methode gleicher Leistungsfähigkeit und Differenzierung) Voraussetzung und integraler Bestandteil von Modularisierungskonzepten (vgl. Ziegler 2007).

3.4 Funktionsdesign und Redaktionsleitfaden

Ein ausgearbeiteter Funktionsdesign-Standard ist das gebündelte Ergebnis methodischer Analysen und Erfahrungen, Regelwerk und Handwerkszeug für eine definierte Palette von Informationsprodukten. Die verbindlichen Regeln bilden die "Qualitäts-Messlatte", an der sich jedes Informationsprodukt messen lassen muss. Die Summe an Know-how muss dokumentiert und im schnellen Zugriff gehalten werden – im Redaktionsleitfaden (Schäflein-Armbruster 2008).

Das Funktionsdesign bildet den schreibtechnischen Kern des Leitfadens. Regelungen zu Informationsrecherche, Prozessen, Tools etc. bieten bei Bedarf weiter reichende Unterstützung.

Funktionsdesign-basierte Redaktionsleitfäden unterscheiden sich radikal von klassischen stilistisch geprägten Leitfäden, die nach unseren Erfahrungen wenig wirksam sind – selbst dann, wenn jede einzelne der stilistischen Regeln korrekt ist. Es überfordert Autoren in der technischen Redaktion, wenn sie eine Vielzahl von Regeln "sinnfällig" anwenden sollen. Standards sind überschaubarer und werden präziser umgesetzt, wenn sie an eindeutig identifizierbare Elemente angedockt sind. Im Funktionsdesign sind die Regeln auf allen Ebenen an die vollständig definierten Elemente gebunden.

Hat ein Autor beispielsweise die Aufgabe, eine vorangestellte "Orientierung" für ein komplexes Kapitel eines Software-Handbuchs zu schreiben, so schlägt er im Kapitel Sequenzmuster des Redaktionsleitfadens nach. Dort wird er bezüglich Funktion und Struktur informiert, vor den Tücken dieses Sequenzmusters gewarnt und mit anschaulichen Beispielen zur Umsetzung versorgt. Benötigt der Autor Hilfe zum optimalen Formulierungsmuster einer Resultatsangabe, so wird er im Kapitel Funktionale Einheiten des Redaktionsleitfadens fündig.

Es hat sich in vielen Dutzend Leitfäden bewährt, die Struktur an den vier Ebenen des Funktionsdesigns zu orientieren und die Funktionalen Elemente in alphabetischer Reihenfolge nach einheitlichem Beschreibungsmuster abzuhandeln. Vorangestellte tabellarische Übersichten sowie erläuterte Positiv- und Negativbeispiele erhöhen den Nutzen beträchtlich. Insbesondere in der Einführungsphase eines Funktionsdesigns kann es hilfreich sein, Begründungen für die spezifische Regelung bestimmter Elemente in den Leitfaden aufzunehmen.

Ein guter Redaktionsleitfaden vermittelt handwerkliche Sicherheit in der Text- und Bildproduktion, stärkt die Position einer technischen Redaktion im Unternehmen und nach außen. Unverständlich ist es, wenn das methodische Rüstzeug des Leitfadens nicht an Übersetzer vermittelt wird. Übersetzer, die den Vorrat Funktionaler Elemente kennen und z. B. über Struktur- und Formulierungsentscheidungen Bescheid wissen, werden qualitativ höherwertige Übersetzungen ökonomischer erstellen.

Zahlreiche Qualitätsaspekte gelten für die Entwicklung von Funktionsdesigns und Redaktionsleitfäden gleichermaßen. Die "demokratische" Beteiligung der Betroffenen von Anfang an erhöht die Akzeptanz und Nutzungshäufigkeit. Und: Es gilt, einen vernünftigen Weg zwischen kompakter Kürze und detaillierter Regelung zu finden. Flammen immer wieder Diskussionen auf, so ist der Interpretations-Spielraum zu groß. Greifen die Rat- und Regel-Suchenden ins Leere, so wurde dem Kürze-Prinzip zu weitgehend gehuldigt. Die substanzielle Qualität von Funktionsdesign und Redaktionsleitfaden zeigt sich im kontinuierlichen Gebrauch. Und für beide gilt: Verantwortliche Pflege und bedarfsgerechte Anpassungen sind unabdingbar.

3.5 Nutzen und Motive

Über den grundlegenden Nutzen der Standardisierung von technischen Informationen wird nicht mehr ernsthaft gestritten. In Zeiten gewaltiger Informationsbestände in zahlreichen Sprachen, verteilter Erstellung, Zusammenarbeit mit Dienstleistern, datenbankgestützter Generierung und Distribution in unterschiedlichen Medien hat individuelle Manualpoesie keine Chance, die gesetzten Qualitätsziele im vernünftigen Kostenrahmen zu erreichen.

Jede taugliche Strukturierungs- und Standardisierungsmethode muss darauf gerichtet sein, adressatengerechte Qualität zu erreichen und gleichzeitig den Erstellungsaufwand zu reduzieren. Dokumentationsprofis muss nicht mehr vermittelt werden, dass die Qualitätsaspekte Verständlichkeit, klare Struktur, Kürze, passender Detaillierungsgrad und Attraktivität sinnvoll sind.

Wer vor der Einführung eines Content-Management-Systems steht oder ein solches bereits eingeführt hat, der weiß, dass die Wiederverwendung von Modulen nur dann möglich ist, wenn mithilfe eines geeigneten Standards die strukturelle und redaktionelle Qualität der Module sichergestellt ist.

Konsens besteht auch, dass Informationsqualität in den Unternehmen nur durchsetzbar ist, wenn der Erstellungsaufwand reduziert wird, wenn sich die Einführung eines Standards in sehr überschaubaren Zeiträumen rechnet. Ein überschaubarer Initialaufwand für die vorbereitende Analyse, die Ausarbeitung des Standards und die Einarbeitung wird akzeptiert, aber dann muss es rund laufen.

In der folgenden Übersicht nennen wir die spezifischen Eigenschaften der Funktionsdesign-Methode, die sich in der langjährigen Anwendung in den Unternehmen immer wieder bewährt haben:

- Die solide theoretische Basis der Sprechakttheorie ist für Funktionsdesign-Entwickler eine wichtige und stets erweiterbare Denkhilfe bei der Ausarbeitung des konkreten Funktionsdesign-Standards.
- Die Flexibilität der Methode bietet die Möglichkeit, einen Maßanzug zu entwickeln, einen Standard, der Luft zum atmen lässt, aber dort eng anliegt, wo man den Nutzen der Konsistenz erkannt hat.

- Die Funktionsdesign-Methode ist toolunabhängig. Bei Versionswechseln, Tool-Umstellungen oder bei der Migration in die XML-Welt bleiben Regelungen und Arbeitsweise weitgehend konstant.
- Ein passgenau entwickelter Vorrat sauber definierter Elemente deckt die spezifischen Bedürfnisse vollständig ab. Es gibt keine undefinierten (funktionslosen) Elemente, Struktur- und Qualitätseigenschaften sind geregelt.
- Die Regeln eines ausgearbeiteten Funktionsdesign-Standards sind konkret und stets anwendbar auf ein eindeutig identifizierbares Element (Informationsprodukt, Sequenzmuster, Funktionale Einheit, Auszeichnungselement). Der Autor muss nicht auf allgemeine Prinzipien oder eine Sammlung allgemeiner Regeln zurückgreifen, um Entscheidungen zu treffen.
- Wer einmal die "funktionsorientierte Brille" aufgesetzt hat, der wird Textstrukturen deutlicher erkennen und Qualitätsprüfungen gezielter durchführen. Funktionsdesign schafft in den Redaktionen ein gemeinsames methodisches Instrumentarium. Methodische Sicherheit verbessert die Kommunikationsfähigkeit nach innen und außen und die Position im Unternehmen.
- Ein ausgearbeitetes Funktionsdesign, dokumentiert in einem Redaktionsleitfaden, gewährleistet methodische Qulitätssicherung und erleichtert die Zusammenarbeit mit Dienstleistern und Übersetzern.
- Eine besondere Stärke des Funktionsdesigns: Der Detaillierungsgrad der Festlegungen erstreckt sich bis auf die feingranulare Ebene der sprachlichen Formulierungen, Satzbaumuster und Terminologie. Für Autoren eine klare Hilfe bei der Textproduktion, für Translation-Memory-Systeme die unabdingbare Basis, um Treffer (Matches) zu erkennen und damit die Kosten zu reduzieren.

Wer Qualität und Effizienz in der Technischen Dokumentation erreichen will, wird ohne fundierte Standardisierung nicht erfolgreich sein. Ein Standard auf Basis der Funktionsdesign-Methode ist besonders in den Fällen sinnvoll, wenn:

- die Festlegungen unternehmens- oder bereichsspezifisch exakt passen müssen,
- Qualitätsforderungen und/oder Übersetzung detaillierte Regelungen an relevanten Stellen erfordern,
- der Standard klar dokumentiert sein muss, um schnell und sicher auf die gültigen Festlegungen zugreifen zu können.

4 Funktionsdesign: Tools und andere Standards

4.1 Toolunabhängigkeit des Funktionsdesigns

Wir haben die Funktionsdesign-Methode als flexible Standardisierungsmethode bezeichnet. Das Attribut flexibel meint auch, dass die Methode und der mit ihr definierte Standard grundsätzlich toolunabhängig sind. Dies ist einer der großen Vorteile der Methode. Zuerst muss das funktionale Konzept stimmen. Ob es dann mit Word, FrameMaker, Quicksilver oder InDesign für die Druckausgabe umgesetzt wird oder die funktional erfassten Daten via HTML oder XML im Internet bereitgestellt oder in Datenbanken zwischenlagert werden, spielt für das Funktionsdesign im Prinzip keine Rolle.

Die Tool-Umsetzung eines Funktionsdesign-Standards wird von folgender Leitfrage begleitet: Wie kann ich das Erfassungs- und/ oder Publishing-Werkzeug so einstellen, dass die Textproduktion gemäß den Festlegungen des Funktionsdesign-Standards optimal unterstützt wird?

4.2 Beispiel Microsoft Word

Wir möchten dieses Zusammenspiel im Folgenden am Beispiel des weit verbreiteten Publishingtools Microsoft Word demonstrieren. Bei Word wird man hierfür vor allem folgende Features heranziehen:

- Dokumentvorlagen (DOT = DOcument Template)
- Formatvorlagen (Absatz- und Zeichen-Formatvorlagen)
- AutoTexte

Dokumentvorlagen

Dokumentvorlagen schaffen die Möglichkeit, dass verschiedene Autoren an unterschiedlichen Kapiteln einer Dokumentation arbeiten und dabei die identische Arbeitsumgebung zur Verfügung haben. Die Autoren erstellen einzelne Dokumente, die durch die Verbindung mit der Dokumentvorlage im Hinblick auf die optische Gestaltung der Formatvorlagen zentral und komfortabel nachträglich modifiziert werden können. Außerdem ist durch die Verwendung einer Dokumentvorlage sichergestellt, dass allen Autoren dieselben Formatvorlagen, AutoTexte und Makros zur Verfügung stehen.

Formatvorlagen

Formatvorlagen sind das wichtigste Feature bei der Umsetzung eines Funktionsdesign-Standards mit Word. Mit Absatzformatvorlagen ist es möglich, funktional identische Absätze mit derselben Formatvorlage zu verknüpfen und dadurch ihre konsistente Gestaltung sicherzustellen.

Hierfür ist es erforderlich, ein funktionsorientiertes Formatvorlagenkonzept zu entwickeln, das eindeutig mit den definierten Funktionalen Einheiten korrespondiert. In einigen Fällen gelingt es, 1:1-Zuordnungen herzustellen, oft besteht aber auch eine 1:n-Relation zwischen Funktionaler Einheit und Formatvorlagen. Das heißt: Für eine Funktionale Einheit sind mehrere Formatvorlagen erforderlich. Eine klare Benennungssystematik für Formatvorlagen kann hier Übersichtlichkeit herstellen.

AutoTexte

AutoTexte sind Textbausteine, die über Tasten- oder einen Menübefehle eingefügt werden können. Mit dieser Funktion können komplexere Funktionale Einheiten oder sogar mehrere Funktionale Einheiten komfortabel eingefügt werden. Voraussetzung hierfür ist, dass die Formatvorlagen bereits funktional definiert und die invarianten Teile des Inhalts bereits erstellt sind.

4.3 Funktionsdesign und XML

Die Funktionsdesign-Methode "kann" aber nicht nur mit Word oder anderen DTP-Tools. Durch die kommunikationstheoretische Fundierung und die prinzipielle Tool-Unabhängigkeit ist die Funktionsdesign-Methode der ideale Partner für ein XML-basiertes Dokumentationskonzept. Die Flexibilität von XML ermöglicht es, jede vom Funktionsdesign-Entwickler definierte Dokumentart in einem Schema oder einer Document Type Definition (DTD) abzubilden. Die Funktionalen Einheiten können – ähnlich wie bei Word die Formatvorlagen – als Strukturelemente in der DTD oder dem XML-Schema abgebildet werden.

Die aktuelle Umfrage des Fachverbandes für Technische Kommunikation tekom zeigt, dass bereits etwa ein Drittel der in der tekom organisierten Redaktionen mit einem XML-basierten Redaktionssystem arbeiten – Tendenz steigend (Straub 2008). Wer sich aber für eine XML-Strukturierung entscheidet, ohne ein inhaltlich-funktionales Standardisierungskonzept zu verwenden, läuft Gefahr, die Vorteile XML-basierter Dokumentationserstellung nur bedingt genießen zu können. Mit XML werden ja nicht nur Inhalt, Struktur und Layout separiert, es wird dadurch auch ein selektiver Zugriff auf die XML-Elemente ermöglicht. Sind diese nicht funktional – oder wie es manchmal heißt: semantisch – definiert, dann ist diese Zugriffsmöglichkeit nur noch eingeschränkt wertvoll.

Aber auch die Mehrheit der Technischen Redaktionen, die sich noch nicht für die XML-Welt entschieden hat, will gewappnet sein und die nötigen Schritte hin zu einer effizienteren, standardisierten Dokumentationserstellung machen. Hier bietet sich die Standardisierung mit der Funktionsdesign-Methode als ideale Vorstufe an. Für die spätere Erweiterung in Richtung

XML ist ein großer Teil der konzeptionellen Arbeit schon erledigt, denn die funktional definierten Formatvorlagen müssen nur noch mit entsprechend benannten XML-Elementen "gemappt" werden.

4.4 Beispiel für eine XML-Umsetzung

Als Beispiel für die XML-Umsetzung des Funktionsdesigns mag der Warnhinweis dienen. Dabei ist interessant, dass die innere Struktur eines Warnhinweises bereits durch Normen und Richtlinien funktional (!) definiert ist. So schreiben die ISO 3864 sowie die ANSI-Norm Z535 für den US-amerikanischen Markt vor, dass Warnhinweise aus folgenden Elementen bestehen sollen bzw. müssen:

- Piktogramm
- Sicherheitssymbol
- Signalwort
- Art und Quelle der Gefahr
- Folgen
- Maßnahmen zur Vermeidung der Gefahr

Diese Elemente sind alle definiert aufgrund der kommunikativen Funktion, die das jeweilige Element hat. In der XML-Notation von XML-Spy sieht die Struktur-Darstellung der Elemente so aus:

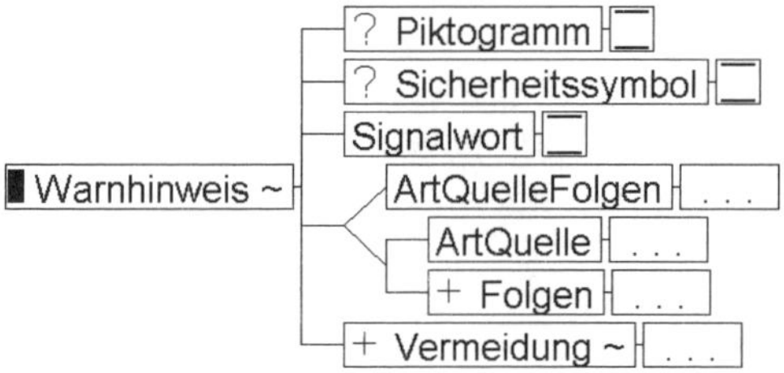

Kommunikationsanalytisch liest sich diese Darstellung so:

Der Autor warnt den Anwender vor einer Gefahr (Sequenzmuster: Warnhinweis),

- indem er (optional) ein Piktogramm zeigt
- und dann (optional) ein Sicherheitssymbol zeigt
- und dann die Schwere der Gefahr angibt, indem er eines von vier definierten Signalwörtern verwendet (obligatorisch)
- und dann die Art und die Quelle der Gefahr angibt (obligatorisch)

- und dann die Folgen bei Nichtbeachtung des Warnhinweises angibt (obligatorisch; Mehrfachangaben möglich)
- und dann angibt, welche Maßnahmen geeignet sind, die Folgen nicht sicherheitsgerechten Handelns zu vermeiden (obligatorisch; Mehrfachangaben möglich).

Diese Und-dann- und Indem-Zusammenhänge sind typische Beschreibungsmuster in der linguistischen Kommunikationsanalyse, die Angaben optional (= ?), obligatorisch (= ohne Kennzeichnung), Mehrfachnennung (= +) sind typisch für die Strukturdefinition in der XML-Notation.

Wie kommt nun das Funktionsdesign ins Spiel? In Bezug auf die Festlegungskategorien, die die Funktionsdesign-Methode vorschlägt, sind die Regeln für Verwendung, Inhalt und Sequenzierung innerhalb des Sequenzmusters bereits durch die ANSI-Norm geregelt. Nicht geregelt sind die Sequenzierung des Sequenzmusters in den übergeordneten Kontext und die Formulierung. So könnte man beispielsweise für das XML-Element Art-Quelle unter Formulierungsgesichtspunkten festlegen, dass die Angabe der Art der Gefahr und die Angabe der Quelle immer mit "durch" verbunden sein muss; zum Beispiel: "Schnittgefahr durch rotierende Messer".

4.5 Funktionsdesign und DITA

2005 hat die Organization for the Advancement of Structured Information Standards (OASIS) die von IBM entwickelte Darwin Information Typing Architecture (DITA) in der Version 1.0 als Standard veröffentlicht (vgl. Ziegler/Krüger in diesem Band). Seit dieser Veröffentlichung hat DITA eine große Verbreitung gefunden, unter anderem, weil zahlreiche Software-Hersteller diesen Standard in ihr Produkt integriert haben (Fritz et al. 2008).

Ist die Funktionsdesign-Methode durch diesen Standard überflüssig geworden? Diese Frage ist klar mit nein zu beantworten.

DITA arbeitet mit den drei Topic-Typen Concept, Task und Reference. Für jeden dieser Topic-Typen gibt es vordefinierte XML-Elemente, die überwiegend für die Erstellung von Software-Dokumentation geeignet sind. Ein solcher Anzug von der Stange passt sicherlich nicht jedem. Mit der Funktionsdesign-Methode hingegen kann man sich einen Maßanzug schneidern, der weit ist, wo man Platz braucht und passgenau, wo Konsistenz Erstellungs- und Kostenvorteile bringt.

Fairerweise muss man sagen, dass DITA auf Erweiterung angelegt ist. Sogenannte Spezialisierungen werden aktuell in OASIS-Subcommittees genutzt, um branchen- bzw. sonderbedarfsspezifische Erweiterungen zu stricken. Ob diese sich dann in den jeweiligen Branchen durchsetzen, bleibt abzuwarten. Das Schicksal des sogenannten mumasy-Standards stimmt trotz anfänglich noch sehr optimistischer Einschätzung (Ried 2005) skeptisch.

Aber auch Unternehmen, die sich für DITA entscheiden, werden feststellen, dass der gewünschte Standardisierungsgrad mit DITA allein nicht erreicht werden kann. DITA bietet einen Standard für die technische Umsetzung, bleibt aber auf der inhaltlichen und sprachlichen Seite Antworten schuldig. Ein Zusammenspiel von DITA und Funktionsdesign ist möglich und für die DITA-Anwender auch nötig.

5 Funktion und Design

Eine interessante Herausforderung bei der Entwicklung des Funktionsdesigns ist die Abstimmung der beiden Aspekte Funktion und Design. Bei einer eingeschränkten Lesart des Ausdrucks Design ist es möglich, Design ausschließlich im Sinne von Strukturierung zu verstehen. In diesem Fall wäre das Funktionsdesign eine Technik zur funktionalen Strukturierung von Texten. In der Tat ist diese Lesart für die Ehe von Funktionsdesign und XML, wie weiter oben diskutiert, durchaus angemessen.

In vielen technischen Redaktionen sollen Dokumente aber sowohl funktional erfasst als auch sofort optisch ansprechend gestaltet werden. Für die ansprechende Gestaltung gibt es in der Regel Styleguides, Corporate Identity- oder Corporate Design-Richtlinien, in denen Vorgaben für die Gestaltung von Dokumenten zusammengestellt sind. Auch diese Richtlinien zielen auf Konsistenz, wobei das einheitliche Erscheinungsbild des Unternehmens im Mittelpunkt der Festlegungen steht.

5.1 Kontroverse: Funktionsdesign-Entwickler vs. Layouter

Die Vorstellungen des Funktionsdesign-Entwicklers sind häufig nicht kompatibel mit den Vorstellungen von Layoutern und Grafikern. Wir haben es als Berater oft erlebt, dass hier zwei Welten aufeinanderprallen, die sich erst im konstruktiven Austausch von Argumenten annähern.

Unerfahrene Funktionsdesign-Entwickler neigen dazu, die Gliederung des Textes in zahlreiche Funktionale Einheiten auch in die Gestaltung zu übertragen. Das heißt, sie fordern für jede einzelne Funktionale Einheit auch besondere optische Kennzeichnungen durch Symbole, Schriftart- und Schriftgrößenvariation, typografische Mittel wie Kursiv-Darstellung, Fettdruck, Verwendung von Strichen, Kästen, Hinterlegungen des Textes usw.

5.2 Layout follows function

Dieser Rückfall in die typografischen Sünden der frühen DTP-Zeit darf aber den Blick auf das berechtigte Anliegen nicht verstellen, das der Funktionsdesign-Entwickler an den Layouter als Fachmann herantragen sollte: die Suche nach einer optischen Gestaltung, die die kommunikative Funktion der Funktionalen Einheiten optimal unterstützt. An dieser Stelle muss sich der Layouter an einen alten Grundsatz seiner Zunft erinnert fühlen: Layout follows function.

5.3 Layoutorientierter Ansatz

Darum ist es falsch, einen Standard für technische Dokumentationen in das Korsett vorgefertigter CI-Schablonen zu zwingen. Ein solcher layoutorientierter Ansatz stellt als Handlungsarsenal typografische Gestaltungselemente zur Verfügung, die der Autor verwenden darf. Die kommunikative Funktion dieser Gestaltungselemente ist jedoch selten geklärt. Dadurch entstehen leicht ungewünschte Inkonsistenzen. So verwendet beispielsweise der eine Autor das Gestaltungselement Blickfangpunkte für eine Aufzählung von Kapitelinhalten im Rahmen der Funktionalen Einheit Orientierung, der andere Autor kennzeichnet damit Handlungsaufforderungen. Mit funktional konsistenter Textproduktion hat das nichts mehr zu tun.

Wir möchten hier noch einmal die Tool-Umsetzung ins Spiel bringen: layoutorientierte Ansätze spiegeln sich oft in der Benennung von Formatvorlagen wider. Die heißen dann: Einzug 2 cm, Marginalie, Oben 10 Pt, Kursiv, Kästchen-Aufzählung, Überschrift etc. Diese Benennungen sind auch durchaus konsequent: Die Formatvorlagen sind gemäß ihrer Gestaltungsmerkmale benannt. Ein an kommunikativen Funktionen orientierter Autor weiß aber nicht, ob er die Formatvorlage Marginalie als Themenangabe, inhaltliches Stichwort oder Glossarerläuterung verwenden soll. Denn das sind alles Funktionen, die das Gestaltungselement Marginalie haben kann. Dasselbe gilt auch für die meisten der anderen gestaltungsorientiert benannten Formatvorlagen.

5.4 Funktionaler Ansatz

Ein funktionaler Ansatz hingegen orientiert sich primär an den definierten Funktionalen Einheiten und ordnet dann den einzelnen Funktionalen Einheiten – in DTP-Software meist repräsentiert durch Formatvorlagen – die Gestaltungselemente zu, die den kommunikativen Zweck am besten verdeutlichen.

Dabei ist unter anderem zu berücksichtigen, ob die Zielgruppe mit dem Gestaltungselement in der beabsichtigten Verwendung vertraut ist. So ist es naheliegend, für Handlungsaufforderungen das bewährte Gestaltungsmittel Nummerierung zu verwenden oder für Hinweise die explizite Kennzeichnung mit dem Ausdruck Hinweis. Kreativität hat in technischen Dokumentationen seine Grenze bei der Frage der Verständlichkeit der eingesetzten Mittel.

5.5 Funktional differenziert, gestalterisch reduziert

Sicherlich fordert der funktionale Ansatz keine spezifische optische Kennzeichnung für jede einzelne Funktionale Einheit. Alle Prinzipien guter Typografie und guten Layouts bleiben grundsätzlich in Kraft. Insbesondere das nützliche Prinzip: Weniger ist mehr! Auf das Funktionsdesign in seiner Umsetzung mit DTP-Software angewandt bedeutet dies: Es kann durchaus sinnvoll sein, dass zwei Formatvorlagen unter Gestaltungsgesichtspunkten absolut identisch sind, es aber dennoch aus funktionalen Gründen sinnvoll ist, mit zwei unterschiedlichen Formatvorlagen zu arbeiten.

So könnte beispielsweise die Funktionale Einheit Hinweis genauso gestaltet sein wie die Funktionale Einheit Tipp. Dennoch ist hier die Verwendung verschiedener Formatvorlagen erforderlich, um die unterschiedliche kommunikative Funktion zu kennzeichnen. Ein entscheidender Vorteil dieses Vorgehens ist es, auf alle Instanzen dieser Funktionalen Einheit in einem Text gezielt zugreifen bzw. bei der Verwendung von beispielsweise Word zentral über die Dokumentvorlage die Gestaltung ändern zu können. Dies ist bei einem rein layoutorientierten Ansatz nicht möglich.

6 Entwicklungsaspekte der Funktionsdesign-Methode

Auch wenn der funktionale Ansatz als Kern der Funktionsdesign-Methode gut ausgearbeitet und ebenso konstitutiv wie invariant ist: die Methode lebt. Sie kann in viele Richtungen ausgebaut und erweitert werden. Charakteristisch für die Methode ist, dass Funktionsdesign in den nachfolgend exemplarisch darstellten Bereichen in der Praxis bereits erfolgreich angewandt wurde, gleichwohl die theoretische Basis noch nicht im wünschenswerten Detaillierungsgrad ausformuliert ist.

6.1 Methodische Differenzierung für weitere Textsorten

Schwerpunktmäßig angewandt wurde die Funktionsdesign-Methode langjährig im Feld der Direktiva (der primär handlungsanleitenden Texte). Der Ausbau und die Differenzierung für Repräsentativa (beschreibende Texte) ist Bestandteil der laufenden Ausarbeitungen. Anregende Forschungsgrundlagen bilden hierbei u. a. Ansätze der Propositionstheorie, die Forschung der Prager Strukturalisten zur Thema-Rhema-Gliederung und die kommunikationsanalytischen Untersuchungen zu Thema und thematischem Zusammenhang (Fritz 1982:205ff.).

Lehr-/Lerntexte, Trainingsmaterialien, multimediale Online-Lernprogramme etc. sind hochgradig standardisierbare Textsorten mit wachsender gesellschaftlicher und wirtschaftlicher Bedeutung. Deshalb gehören sie zu den attraktivsten Feldern für die Anwendung der Funktionsdesign-Methode. Zwischen den Forschungsergebnissen aus Didaktik, Lehr-/Lernforschung sowie Psychologie und der standardisierbaren Umsetzung durch Funktionale Elemente (z. B. Lernziel, Beispiel, Lernzielkontrolle) klafft derzeit noch eine zu füllende Lücke. Die weitere Ausarbeitung der Regeln, nach denen die Auswahl und Sequenzierung der am besten geeigneten Funktionalen Elemente für eine bestimmte (oder mehrere) Zielgruppe(n) und einen bestimmten kommunikativen Zweck getroffen werden kann, ist eine der anstehenden Herausforderung für die angewandte Forschung.

6.2 Praxiserfahrung nutzen, theoretische Fundierung ausbauen

Zahlreiche funktionsdesignbasierte Redaktionsleitfäden enthalten einen praxistauglichen Teil zur Standardisierung des Bild- und Grafikeinsatzes. Es gehört zu den Aufgaben des Funktionsdesign-Entwicklers, Regeln festzulegen, welche Informationen qua Bild transportiert werden und welche Aufgaben der Text besser übernehmen kann. Ein Funktionsdesign-Standard bestimmt und regelt detailliert die Funktionen von Bildern, deren Sequenzierung und Gestaltung sowie die Text-Bild-Koordination. Die methodischen Modifikationen und Erweiterungen der Funktionsdesign-Methode für den Bild- und Grafikeinsatz sind derzeit noch nicht vollständig ausgearbeitet.

Ein vielversprechendes und praktisch relevantes Feld für diese methodische Weiterentwicklung bilden hier Kataloge, eine facettenreiche Textsorte, die weitreichende Standardisierbarkeit mit intensivem Bild- und Grafikeinsatz verbindet. Zudem sind Kataloge eine Textsorte, die hohe Anforderungen an Gestaltung und Anmutung stellt – ebenfalls ein Feld, in dem Funktionsdesign-Entwickler eine explizite methodische Ausarbeitung begrüßen würden.

Die umfassende Informationsstandardisierung für ein gesamtes Unternehmen entlang des Produktlebenszyklus aller Produkte stellt eine besondere Herausforderung dar. Die Bereitstellung des gesamten Informationsangebots von der Produktentwicklung bis zur Entsorgung in *einem* zentralen Content-Management-System ist ohne weitreichende Standardisierung weder sinnvoll nicht möglich. Ein solch umfassender Ansatz wurde seit Ende der 90er-Jahre auf Basis der Funktionsdesign-Methode erfolgreich in der Praxis umgesetzt (vgl. Gundlach 2005).

Die Weiterentwicklung von Tools eröffnet weitere Perspektiven für die Nutzung der Funktionsdesign-Methode. Teilweise etabliert ist die Verknüpfung von Funktionsdesign mit Translation-Memory- und Content-Mangement-Systemen.

Neu und besonders erfolgversprechend sind die erheblichen Fortschritte linguistischer Tools, die die Prüfung von Stilregeln mit sprachtechnologischen Verfahren ermöglichen (vgl. Drewer/Horend 2007). Wirklich effizient sind diese Tools jedoch erst dann, wenn die Stilregeln nicht pauschal auf umfassende Texte angewandt werden, sondern kontextsensitiv auf funktional definierte Elemente. Texte, die mit Funktionsdesign strukturiert sind, bieten hier gute Voraussetzungen. Formulierungsmuster, Satzlänge, Einbettungstiefe und Standard-Formulierungen können – abhängig von der Funktion des Textteils und damit sehr spezifisch – automatisch geprüft werden.

Für alle Bereiche – etablierte wie in der Entwicklung befindliche – gilt, dass eine umfassende und gut dokumentierte empirische Überprüfung der Überlegenheit von konsistent erzeugten Informationsprodukten aus dem genuinen Bereich der technischen Dokumentation mit den Verfahren des Usability Engineering bislang nicht im notwendigen Umfang geleistet wurde. Zugängliche Forschungsergebnisse auf diesem Gebiet würden der gesamten Dokumentationswelt eine gute Basis bieten und zweifellos den Abschied von folkloristischen Halbwahrheiten bedeuten.

7 Bekannte Kritikpunkte

7.1 Aufwandseinwand

Häufig hören wir von Technischen Redakteuren, die die Methode neu kennen lernen und erste Versuche unternehmen, einen Funktionsdesign-Standard zu entwickeln, den Aufwandseinwand. Die Redakteure erkennen, dass die Zahl der Sequenzmuster, Funktionalen Einheiten und Auszeichnungselemente durchaus nicht gering ist. Nun einen Redaktionsleitfaden entwickeln zu müssen, der alle Funktionalen Elemente enthält und für diese Elemente methodengeleitet Festlegungen zu entwickeln, erscheint als Mammutaufgabe.

In der Tat darf der Initialaufwand für die Entwicklung des Standards nicht unterschätzt werden. Die Unterstützung von erfahrenen Funktionsdesign-Entwicklern kann die Entwicklungszeit jedoch deutlich verkürzen.

7.2 Fehlende Forschung

Lehrndorfer/Tjarks-Sobhani haben in ihrem Aufsatz "Schreibprozess-Steuerung durch sprachliche Standardisierung in der technischen Dokumentation" einen Vergleich der Methoden Information-Mapping, Kontrolliertes Deutsch und Funktionsdesign vorgenommen (2001). An der Funktionsdesign-Methode kritisieren Sie, dass begleitende Forschung und Langzeituntersuchungen sowie weitere Veröffentlichungen noch fehlten (ebd.: 156).

Weiter oben haben wir dargelegt, dass wir bereits früh empirischen Überprüfungen durch videodokumentierte Anwendertests durchgeführt haben. Richtig ist allerdings, dass die Ergebnisse nie veröffentlicht wurden. Der empirische Nachweis der Überlegenheit standardisiert erstellter Dokumentation über nicht standardisierte erstellte steht als wichtiges Forschungsdesiderat derzeit noch aus.

Der wesentliche Beleg für die effektive und effiziente Anwendung der Funktionsdesign-Methode wurde in der Praxis erbracht. Mehrere hundert Unternehmen, darunter zahlreiche Marktführer unterschiedlicher Branchen, arbeiten seit vielen Jahren erfolgreich mit Redaktionsstandards, die auf der Basis der Funktionsdesign-Methode entwickelt wurden.

7.3 Standard oder Methode revisited

Auch Ley (2005) setzt sich in seiner Dissertation würdigend und kritisch mit der Funktionsdesign-Methode auseinander. Dabei ist bei Ley die Unterscheidung von Methode und Standard nicht trennscharf. So kritisiert er an der Methode, dass die Methode nicht klar genug zwischen Sequenzmustern und Funktionalen Einheiten unterscheide. Demzufolge würde die Methode Warnhinweise als Sequenzmuster klassifizieren, Resultate, Voraussetzungen, Handlungsaufforderungen hingegen würden den Funktionalen Einheiten zugeordnet.

Die Funktionsdesign-Methode legt aber diese Zuordnungen nicht fest. Sie legt es in die Hände des Funktionsdesign-Entwicklers, für den zu entwickelnden Standard festzulegen, ob eine komplexe Funktionale Einheit geeignet ist, als Sequenzmuster zu dienen. Diese Entscheidung hängt von unterschiedlichen Faktoren ab, die die Methode nicht für alle Fälle vordenken kann und will.

Ein weiterer Kritikpunkt von Ley richtet sich gegen den Anspruch der Methode, eine rein funktionale Strukturierung von Informationsprodukten zu ermöglichen, dann würden aber Elemente wie Abbildungen, Tabellen und Listen als Sequenzmuster eingefügt, ohne dass deren Funktion berücksichtigt werde.

Ley nennt für seine Behauptungen keine Quelle. Wahrscheinlich bezieht er sich auf ausgearbeitete Funktionsdesign-Standards, die firmenspezifisch meist mit Kompromissanteilen und abweichend von der „reinen Lehre“ erstellt wurden. Dies ist unseres Erachtens nicht als Schwäche der Methode zu verbuchen.

8 FAQ – Frequently Asked Questions

Der interessierte Leser hat sicherlich noch eine ganze Menge Fragen. Und vielleicht auch Einwände! Darum möchten wir uns abschließend einigen Fragen stellen, die den "Funktionsdesign-Erfindern" aus Gesprächen mit Funktionsdesign-Anwendern und aus Seminaren zur Funktionsdesign-Methode bekannt sind.

8.1 Führen zu viele Funktionale Einheiten nicht zu Unübersichtlichkeit?

Frage: Texte mit dem Funktionsdesign produzieren heißt, dass jeder Satz einer Funktionalen Einheit zugeordnet ist. Bei der Texterstellung mit Word bedeutet dies, dass ich eine ordentliche Menge an Formatvorlagen benötige. Wird das nicht ziemlich unübersichtlich?

Antwort: In der Tat kommt man mit dem Funktionsdesign auf mehr Formatvorlagen als durch eine layoutorientierte Standardisierung. Das können durchaus mal dreißig, vierzig oder mehr Formatvorlagen werden. Da ist es nicht immer leicht, den Überblick zu behalten. Darum muss man beim Entwickeln des Funktionsdesigns schon manchmal einen Gang zurückschalten und sich fragen, ob die eine oder andere Differenzierung wieder aufgehoben werden kann.

Es gibt immer die reine Lehre und es gibt praktische Bedürfnisse. Wichtig ist nur, dass man nicht plötzlich anfängt, Inkonsistenzen einzubauen, die man später bitter bereut. Hat man aber immer noch eine große Zahl Funktionaler Einheiten, so kann man ja auch die Möglichkeiten des Tools nutzen, den Überblick zu verbessern. Bei Word 2003 kann man Formatvorlagen ausgezeichnet in selbstdefinierten Menüs oder Symbolleisten gruppieren und so leicht in den Zugriff bringen. Bei FrameMaker+XML werden ohnehin nur die zulässigen Nachfolger-Elemente angeboten. Da schafft das Tool die Übersicht von selbst.

8.2 Altbestand auf Funktionsdesign-Standard?

Frage: Nehmen wir mal an, ich definiere ein Funktionsdesign für die technischen Dokumente in unserem Unternehmen. Wie bekomme ich meine ganzen alten Dokumente auf diesen Standard?

Antwort: Das ist eine Frage bei der man gern sagt: Gute Frage! Nächste Frage! – Es gibt leider keinen Parser, der den existierenden Dokumentbestand durchscannt und in die definierten Funktionalen Einheiten verwandelt. Und man ist sicher kein Pessimist, wenn man vermutet, dass es den auch mittelfristig nicht geben wird. Das liegt schlichtweg daran, dass sich zeigt, dass Texte mit der kommunikativ fokussierenden Unterstützung von Funktionalen Einheiten schon ganz anders geschrieben werden. Lange Fließtexte gibt es nicht mehr. Stattdessen gliedert sich das Dokument in Vororientierungen, Zielangaben, Handlungsvoraussetzungen, Warnhinweisen, Handlungsaufforderungen, Hilfen im Problemfall, Resultatsangaben und vielem mehr. Sehr häufig haben wir das Feedback bekommen: Jetzt, da wir uns bei jedem Satz überlegen, welche Funktion er hat, schreiben wir auch inhaltlich viel bewusster und häufig kürzer.

In der Konsequenz heißt das: Sie müssen entweder die alten Dokumente alle "anfassen" und auf Funktionsdesign-Standard bringen oder Sie machen einen Schnitt und schauen nach vorn.

8.3 Standardisierung vernichtet Kreativität?

Frage: Ist das nicht ziemlich blutleer, diese standardisierte Dokumentationsproduktion? Wenn einem Autor so ein Funktionsdesign vor die Nase gesetzt wird, dann bleibt doch jede Kreativität auf der Strecke! Und wo bleibt der Spaß?

Antwort: In Deutschland liegt die Antwort nahe: Wer sagt denn, dass Arbeiten Spaß machen soll! Wir denken da anders. Ein Funktionsdesign zu entwickeln ist eine spannende und kreative Tätigkeit. Das liegt unter anderem daran, dass die Funktionsdesign-Methode einerseits einen Rahmen setzt, andererseits aber auch Raum für eigene Akzentuierungen lässt. Darum müssen die Autoren selbst intensiv am Entwicklungsprozess des Funktionsdesigns beteiligt sein. Nichts ist schlimmer, als von einem besserwisserischen Consultant die fertige Lösung präsentiert zu bekommen, die oft hinten und vorne nicht passt.

Standardisierung bedeutet immer auch: einen Maßanzug zu schneidern, der der eigenen Arbeit Form geben soll, in dem man aber auch noch atmen. Was liegt näher, als die Autoren selbst an dieser kreativen Schneiderleistung zu beteiligen. Dadurch können sie ihre eigene Textproduktionsvergangenheit kritisch reflektieren und gemeinsam mit einem Fachmann Festlegungen für die Zukunft entwickeln. Nichts kann die Akzeptanz des Resultats besser stärken als ein gemeinsames Vorgehen von Funktionsdesign-Entwicklern und Autoren.

8.4 Schreiben gute Autoren nicht ohnehin schon funktional?

Frage: Dokumente funktional zu strukturieren, das ist ein sehr einleuchtender Gedanke. Aber macht das ein guter Technischer Redakteur nicht sowieso? Auch ohne den ganzen Konzeptionsaufwand ...

Antwort: Es wäre traurig, wenn Sie nicht Recht hätten! Und es zeigt gleichzeitig, wie stark die Funktionsdesign-Theorie in der kommunikativen Praxis wurzelt. Der Funktionsdesign-Entwickler ist auch nicht dazu da, alles Existierende vom Tisch zu wischen und sich als Besserwisser aufzuspielen. Darum sind die beiden ersten Schritte bei der Funktionsdesign-Entwicklung auch Analyseschritte.

Es geht darum, das Gute und Sinnvolle zu identifizieren und dann im Leitfaden festzuschreiben. Schließlich sollen ja alle Redakteure eines Unternehmens gleichbleibende Qualität produzieren – und zwar konsistent. Dafür bietet das Funktionsdesign eine strukturierende Form, die der natürlichen, mündlichen Kommunikation sehr nahe kommt. Zugespitzt könnte man sagen: Wir kommunizieren alle in Funktionalen Einheiten, auch wenn wir das bisher nicht unbedingt so gesehen haben!

9 Literatur

Ballstaedt, Steffen-Peter (Hg.) 1997: Wissensvermittlung. Die Gestaltung von Lernmaterial. Weinheim: Psychologie Verlags-Union.

Brinker, Klaus 2001: Linguistische Textanalyse. Eine Einführung in Grundbegriffe und Methoden. 5. durchges. u. erw. Auflage. Berlin: Schmidt. (Grundlagen der Germanistik 29. Erstauflage 1985).

Closs, Sissi 2007: Single Source Publishing. Topicorientierte Strukturierung und DITA. München, Frankfurt: entwickler.press.

Cooper, Alan 2004: The Inmates Are Running the Asylum. Why High-tech Products Drive Us Crazy and How to Restore the Sanity. 2nd edition. Indianapolis: Sams.

Drewer, Petra/ Horend, Sybille 2007: Die Kontrolle der Kontrolle. Sprachtechnologie und maschinelles Lektorat im Unternehmen. In: technische kommunikation 4, S. 22-26.

Drewer, Petra 2008: Wie viel Terminologielehre hat Platz im praktischen Terminologiemanagement? In: Krings, H.-P./ Mayer, F. (Hgg.): Sprachenvielfalt im Kontext von Fachkommunikation, Übersetzung und Fremdsprachenunterricht. Berlin: Frank & Timme. (Forum für Fachsprachenforschung 83).

Fritz, Gerd/ Hundsnurscher, Franz (Hgg.) 1994: Handbuch der Dialoganalyse. Tübingen: Niemeyer.

Fritz, Gerd 1982: Kohärenz. Grundfragen der linguistischen Kommunikationsanalyse. Tübingen: Narr.

Fritz, Michael/ Krüger, Manfred/ Rehsöft, Mathias/ Ziegler, Wolfgang et. al. 2008: DITA in der Technischen Kommunikation. Eine Entscheidungshilfe für den Einsatz. Stuttgart: tekom.

Gloning, Thomas (Hg.) 1996: Bedeutung, Gebrauch und sprachliche Handlung. Ansätze und Probleme einer handlungstheoretischen Semantik aus linguistischer Sicht. Tübingen: Niemeyer.

Gundlach, Martin 2005: Das Beste aus zwei Welten. Datenübernahme in ein CMS. In: Produkt Global 2, S. 18-19.

Heringer, Hans Jürgen 1979: Verständlichkeit. Ein genuiner Forschungsbereich der Linguistik? In: Zeitschrift für Germanistische Linguistik, Jg. 7, S. 255-278.

Heringer, Hans Jürgen 1984: Textverständlichkeit. Leitsätze und Leitfragen. In: Zeitschrift für Literaturwissenschaft und Linguistik, Jg. 55, S. 57-70.

Hindelang, Götz 2000: Einführung in die Sprechakttheorie. 4. unveränd. Neuauflage. Tübingen: Niemeyer. (Germanistische Arbeitshefte 27).

Juhl, Dietrich 2005: Technische Dokumentation. Praktische Anleitungen und Beispiele. 2. überarb. Auflage. Berlin, Heidelberg, New York: Springer.

Krings, Hans Peter (Hg.) 1996: Wissenschaftliche Grundlagen der Technischen Kommunikation. Tübingen: Narr. (Forum Fachsprachenforschung 32).

Lehrndorfer, Anne/ Tjarks-Sobhani, Marita 2001: Schreibprozess-Steuerung durch sprachliche Standardisierung in der technischen Dokumentation. In: Möhn, D./Roß, D./Tjarks-Sobhani, M. (Hgg.): Mediensprache und Medienlinguistik. Festschrift für Jörg Hennig. Frankfurt a.M., Berlin, Bern etc: Peter Lang. S. 145-166. (Sprache in der Gesellschaft. Beiträge zur Sprachwissenschaft 26).

Ley, Martin 2005: Kontrollierte Textstrukturen. Ein (linguistisches) Informationsmodell für die Technische Kommunikation. Dissertation. Justus-Liebig-Universität. Gießen.

Mulder, Steve/ Yaar, Ziv 2006: The User Is Always Right. A Practical Guide to Creating and Using Personas for the Web. Berkley, CA: New Riders.

Muthig, Jürgen 2001: Technical communication at the watershed. In: Temmerman, R./ Lutjeharms, M. (eds.): Trends in special language & language technology. Antwerpen. pp. 65-85. (Proceedings for the international colloquium in Brussels, Flemish Parliament, 29 & 30 March 2001).

Muthig, Jürgen/ Ried, Tilo 1999: Neue Perspektiven. Technischer Redakteur als Informationsmanager. In: technische kommunikation 6, Jg. 21, S. 38,39,46.

Muthig, Jürgen/ Schäflein-Armbruster, Robert 1999: Funktionsdesign: eine flexible und universelle Standardisierungstechnik. Ergänzungslieferung Dezember 1999. In: Riedel, F./ Walter, K.-D./ Wallin-Felkner, C. (Hgg.): Praxishandbuch Technische Dokumentation: wirtschaftlich organisieren, systematisch erstellen, kundengerecht gestalten. Loseblatt-Ausgabe mit kontinuierlichen Ergänzungslieferungen. Augsburg: WEKA. Kap. 8.2.7.7. (bei Erstveröffentlichung Dez. 1999: Kap. 7.2.2 - vollst. Version nur auf CD; ca. 25 Seiten) (seit 1999 mehrmaliger Wechsel der Herausgeber).

Pruitt, John/ Adlin, Tamara 2006: The Persona Lifecycle. Keeping People in Mind throughout Product Design. Amsterdam, Boston, Heidelberg etc: Morgan Kaufmann Publishers.

Ried, Tilo 2005: Standardstruktur für Maschinen- und Anlagendokumentation. VDMA entwickelt Einheitsblatt 66320. In: technische kommunikation 6, Jg. 27, S. 60-62.

Schäflein-Armbruster, Robert 2008: Ohne Leit kein Freud. Herausforderungen auf dem Weg zum erfolgreichen Redaktionsleitfaden. In: technische kommunikation 4, Jg. 30, S. 25-30.

Schober, Martin 2008: Empfehlungen und Vorgaben für multimediale Technische Dokumentation. In: Hennig, Jörg/ Tjarks-Sobhani, Marita (Hgg): Arbeits- und Gestaltungsempfehlungen für Technische Dokumentation. Eine kritische Bestandsaufnahme. Lübeck: Schmidt-Römhild. (tekom – Schriften zur technischen Kommunikation, Bd. 13) (erscheint vorauss. Dez. 2008)

Straub, Daniela 2008: Branchenkennzahlen für die Technische Dokumentation. Ergebnisse der tekom-Frühjahrsumfrage. Stuttgart: TC and more. (kostenloser Download: http://www.tekom.de/upload/alg/fruehjahrsumfrage_2008.pdf)

Searle, John R. 1969: Speech Acts. An Essay in the Philosophy of Language. New edition edition. Cambridge: Cambridge University Press.

tekom (Hg.) 2006: Leitfaden Betriebsanleitungen. 2. Auflage. Stuttgart: tekom.

Weiss, Edmond 1991: How to write a usable user documentation. 2nd, revised edition. Phoenix: The Oryx Press.

Ziegler, Wolfgang 2007: Die richtige Größe finden. Modularisierung von Produktdokumentationen. In: Produkt Global 5, S. 22-25.

Flexibilität und Standardisierung: die Klassenkonzept-Technik®

Sissi Closs

Die Informationsberge wachsen kontinuierlich; der Erstellungsseite wie der Nutzungsseite macht der immer größere Umfang zu schaffen.

Auf der Erstellungsseite steigen die Aufwände für die Inhaltsverwaltung und die Dokumentproduktion. Herkömmliche Verfahren und Tools unterstützen die Zusammenarbeit nicht ausreichend und sind fehleranfällig.

Auf der Nutzungsseite führen mangelhafte Informationsangebote zu Frustration. Die Recherche wird immer aufwändiger, relevante Informationen werden trotzdem nicht gefunden und die Qualität stimmt nicht. Ein schlechtes „Doku-Erlebnis" demotiviert viele Anwender so nachhaltig, dass sie überhaupt keine Dokumentation mehr anschauen, weil sie befürchten, ihre kostbare Zeit zu verschwenden. Dann aber ist der ganze Aufwand für die Erstellung und die Bereitstellung der Informationen umsonst gewesen.

Diese Probleme sind in der Dokumentationswelt sehr wohl bekannt, und so werden Verfahren entwickelt, mit denen der Umfang in Schach gehalten, wenn möglich sogar reduziert werden kann, und die Qualität für die Nutzungsseite gleichzeitig verbessert wird.

1 Single-Source-Verfahren

Ein Erfolg versprechender Ansatz für solche Verfahren heißt Single-Sourcing. Inhalte werden nur einmal erstellt und zentral an einer Stelle verwaltet. Die zentral verwalteten Inhalte sollen möglichst flexibel und weitreichend wieder verwendbar sein, um für jeden Bedarf genau die Informationen anbieten zu können, die benötigt werden: nicht mehr und nicht weniger.

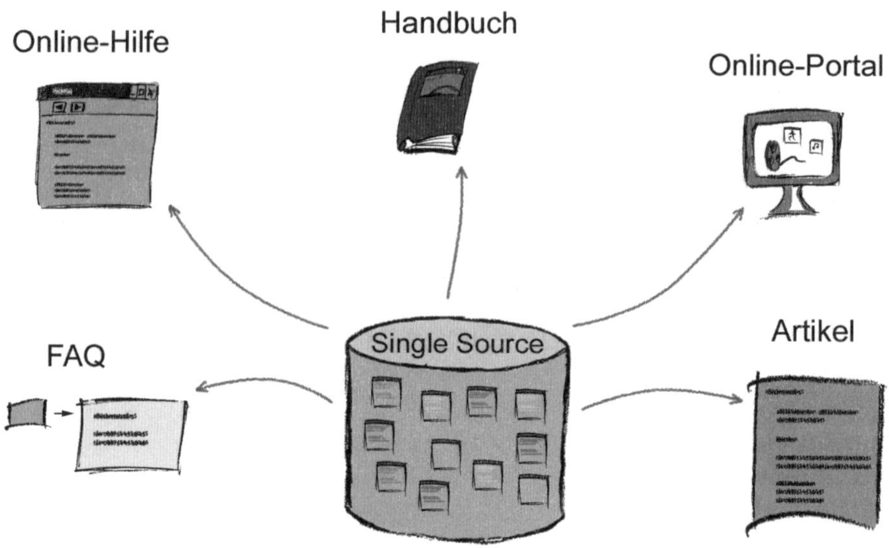

Abbildung 1: Eine Quelle – viele Verwendungen

Ziel ist es, die Redundanz von Inhalten in der Quelle und die damit verbundene Fehleranfälligkeit weitgehend zu vermeiden und gleichzeitig Qualitätskriterien wie beispielsweise Konsistenz nachweisbar zu machen.

1.1 Flexibilität durch Modularisierung

Dieses Ziel ist mit herkömmlichen Verfahren und Tools nicht zu erreichen. Die groben Dokument- und Kapitelstrukturen sowie die darauf ausgerichteten Autorenwerkzeuge und Arbeitsweisen sind für die Wiederverwendung nicht in ausreichendem Maß geeignet. Hohe Redundanz, Inkonsistenzen, fachliche Ungenauigkeiten oder sogar Fehler sind in den vorhandenen Dokumentationsbeständen die typischen Anzeichen dafür.

Für Single-Sourcing kommt eine Strukturierungsmethode zum Einsatz, die Inhalte in Bausteine zerlegt, aus denen sich nach dem Baukastenprinzip passende Dokumente ganz nach Bedarf zusammenstellen lassen. Die Bausteine werden Module oder Topics genannt. Eine Zusammenstellung nennen wir Informationsgebilde, weil es neben dem klassischen Buchdokument auch ganz andere Arten von Zusammenstellungen geben kann.

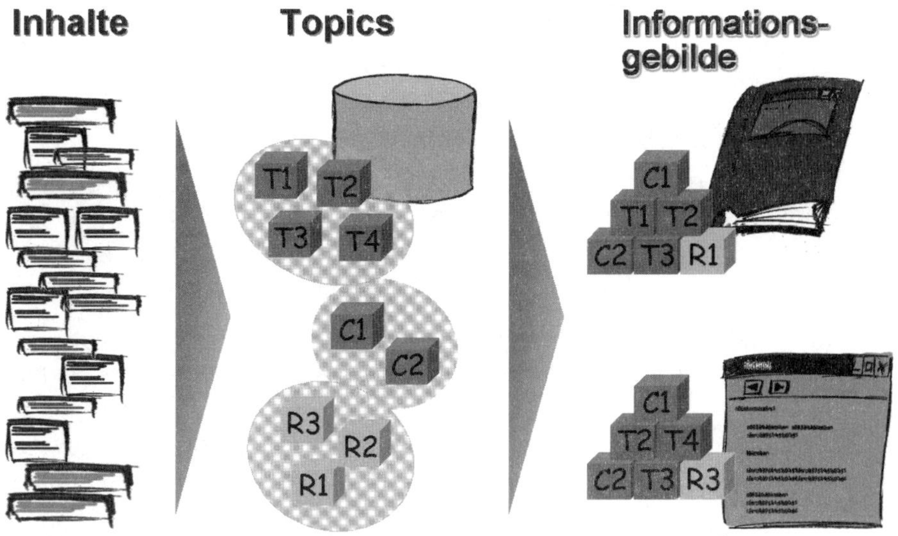

Abbildung 2: Modularisierung und Zusammenbau

1.2 Was ist ein Topic?

Ein Topic ist ein in sich abgeschlossener, möglichst kontextunabhängiger Inhaltsbaustein, der eine Kernaussage enthält.

Beispiel

Ein bekanntes Beispiel für ein Topic ist eine Begriffserklärung. Wenn eine Begriffserklärung als eigenständiges Topic organisiert ist, kann sie an allen Stellen, an denen der Begriff erklärt werden soll, (wieder-)verwendet werden.

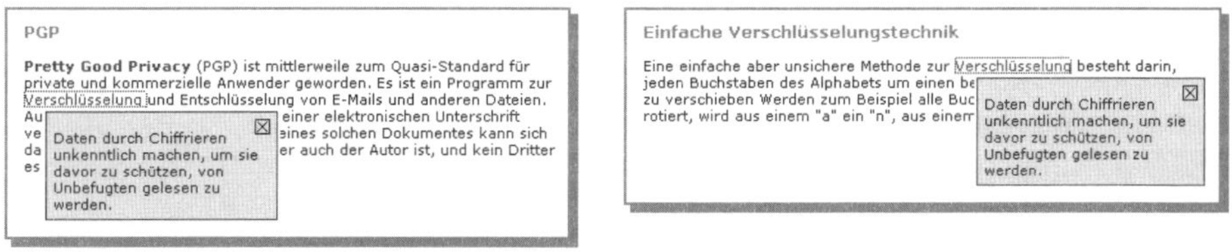

Abbildung 3: Topic Begriffserklärung

Allerdings gibt es nur in den seltensten Fällen schon eine klare Vorstellung von den Topics. Für einen beliebigen Inhalt ist in der Regel noch keine passende Inhaltsaufteilung vorgegeben. Art und Umfang der Topics sind noch nicht bekannt. Dies ist einerseits ein Vorteil, da sich die Aufteilung flexibel an die jeweiligen Gegebenheiten anpassen kann, um so den größten Nutzen zu erzielen. Andererseits bedeutet es aber auch, dass eine optimale Aufteilung erst gefunden werden muss.

1.3 Topics über Beziehungen vernetzen

Ein Topic allein ergibt noch wenig Sinn. Es muss in Beziehung gesetzt werden, damit für die Nutzungsseite interessante, zusammenhängende Inhalte entstehen.

Beispiel

Eine Begriffserklärung kann beispielsweise mit anderen Begriffserklärungen in Beziehung gesetzt werden, um die inhaltliche Verwandtschaft der Begriffe zu signalisieren.

Die bekanntesten Beziehungen in der Dokumentationswelt sind Verweise, die Inhaltsstellen innerhalb eines Dokuments oder dokumentübergreifend in Bezug setzen. Sie sind für die Nutzungsseite sichtbar und kommen in unterschiedlichen Formen als Querverweise, Fußnoten und Verzeichniseinträge vor. Ein Verweis führt die Leser von der aktuellen Stelle zu weiteren Stellen, die aus Autorensicht mit der aktuellen Stelle inhaltlich zusammenhängen, diese näher erläutern oder den aktuellen Inhalt weiter vertiefen. In der elektronischen Welt werden Verweise in Form von Links weitergeführt. Technische Funktionen wie Pop-ups können Inhalte verschiedener Topics gleichzeitig am Bildschirm anzeigen, um so den Zusammenhang noch deutlicher darzustellen.

1.4 Wie entsteht ein Informationsgebilde?

Ein Informationsgebilde entsteht, indem Topics gemäß einem Organisationsmuster zusammengestellt und in ein gewünschtes Ausgabeformat umgewandelt werden. Zusätzlich werden Zugangsmöglichkeiten, typischerweise Inhalts- und Stichwortverzeichnis, ergänzt.

Aus einer Sammlung von Topics können flexlbel bedarfsgerechte Informationsgebilde zusammengestellt werden: für unterschiedliche Zielgruppen, Verwendungszwecke und Ausgabemedien.

Beispiel

Aus einer Sammlung von Begriffserklärungen kann beispielsweise eine Enzyklopädie oder ein Glossar für einen Buch entstehen. Die alphabetische sequenzielle Anordnung der Begriffserklärungen ist für solche Anwendungsfälle ein geeignetes Organisationsmuster.

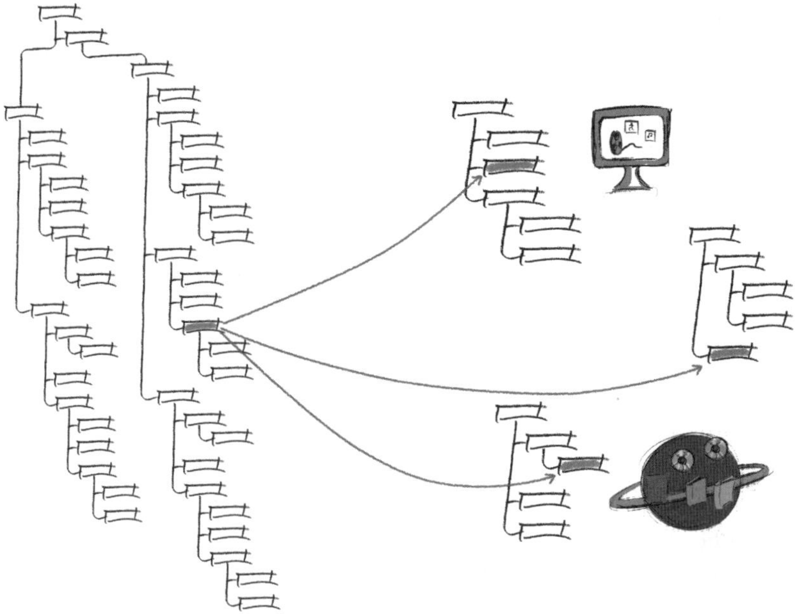

Abbildung 4: Wiederverwendung von Inhalten

1.5 Modularisierung bringt neue Aufgaben

Das Finden der geeigneten Inhaltsaufteilung, der zugehörigen Beziehungen und Zusammenstellungen ist keine einmalige Aufgabe. Wenn sich die Gegebenheiten ändern, muss die Modellierung gegebenenfalls angepasst und der bereits vorhandene Bestand überarbeitet werden.

Zusätzlich zur Aufgabe, die geeignete Modellierung zu finden, kommen durch die Modularisierung weitere Aufgaben auf die Erstellungsseite zu:

- Die Arbeit an einem bereits vorhandenen Bestand erfordert die Kenntnis der etablierten Systematik.
- Bevor ein neues Topic erstellt wird, muss geprüft werden, ob ein passendes bereits existiert.
- Werden Topics wiederverwendet, muss bei jeder Änderung überprüft werden, ob die Änderung auch für alle Verwendungsfälle zutrifft.
- Der Bestand erfordert eine kontinuierliche Überwachung. Topics, die nicht mehr aktuell sind, müssen überarbeitet oder ganz entfernt werden.

- Schließlich entsteht bei der topicbasierten Inhaltsaufteilung im Vergleich zur klassischen Kapiteleinteilung eine bis zu hundert- oder tausendfach höhere Anzahl von Einzelstücken. Dies erfordert eine angemessene Verwaltung.

Allein die Modularisierung bringt daher noch keinen Gewinn. Erst in Kombination mit einer geeigneten Standardisierung können die genannten Zusatzaufwände kompensiert werden. Wie in der industriellen Produktion führt die Standardisierung dazu, dass die Produktivität erheblich gesteigert und gleichzeitig die Erfüllung von Qualitätskriterien sichergestellt werden kann.

2 Klassenkonzept-Technik von Prof. Sissi Closs

Als Basis für die Standardisierung werden passende Modelle benötigt. Die bisherigen Dokumentmodelle müssen um Modelle für Informationsgebilde ergänzt werden, die sich aus Tausenden von Topics zusammensetzen und bei denen Dynamik und Veränderung eine zentrale Rolle spielen.

Geprägt von einer jahrhundertelangen Tradition linear zusammenhängender Texte fällt uns das Denken in Topics heute noch schwer. Nicht jedes Dokument ist eine Begriffssammlung oder ein Nachschlagewerk mit gleichartigen Bausteinen. In anderen uns bekannten Dokumenten wie Bedienungsanleitung, Schulungsunterlage, Artikel oder Lehrbuch sind auf den ersten Blick kaum oder gar keine Bausteine erkennbar.

Wenn vertraute Modelle fehlen, müssen Modelle entworfen und explizit vorgegeben werden.

2.1 Was entsteht bei Anwendung der Klassenkonzept-Technik?

Die Klassenkonzept-Technik (Closs 2006) unterstützt die Definition von Modellen und Standards für topicorientierte Informationsgebilde.

Klassenkonzept als Strukturierungsrahmen

Mithilfe der Klassenkonzept-Technik entsteht für einen Inhaltsbereich ein Strukturierungsrahmen, genannt Klassenkonzept. Dieses setzt sich zusammen aus Topic-Klassen, die als Vorlage für die Erstellung der Topics dienen, Link-Klassen, die den Rahmen für die Vernetzung der Topics bilden sowie Klassen für Informationsgebilde, die festlegen, wie aus Topics und Links Informationsgebilde zusammengestellt werden.

Ein Klassenkonzept gibt einen Rahmen vor, der die Erstellungsseite führt und die Effizienz auf Erstellungs- und Nutzungsseite verbessert. Es macht die Qualität eines Informationsgebildes überprüfbar und hilft, Aufgaben zu automatisieren. Ein Klassenkonzept ist ein stabiles und gleichzeitig flexibles

Gerüst für Inhalte beliebiger Größe und Komplexität. Im nächsten Abschnitt wird dies beispielhaft für den Bereich Tutorials skizziert.

Agiles Vorgehen

Single-Sourcing verändert unweigerlich die Zusammenarbeit und die Arbeitsprozesse auf der Erstellungsseite, da die Inhalte nur einmal erstellt und zentral verwaltet werden. Die Klassenkonzept-Technik setzt auf agile Vorgehensmodelle, mit denen schnell, effizient und in Stufen Informationsbestände entwickelt und bei Bedarf kontrolliert angepasst werden können.

Sowohl bei der Erstellung der Inhalte als auch bei der Weiterentwicklung des Klassenkonzepts bieten sich agile Vorgehensmodelle an. So können beispielsweise auf Basis der Vorlagen schon Topic-Rahmen erstellt werden, auch wenn die kompletten Inhalte noch nicht bekannt sind. Gleichermaßen lässt sich ein Klassenkonzept bereits einsetzen, auch wenn noch nicht alle Konventionen bekannt sind.

2.2 Welche charakteristischen Merkmale hat die Klassenkonzept-Technik?

Die Klassenkonzept-Technik verwendet Klassenbildung, Minimalismus und ein stufenweises Vorgehen, um Modelle und Standards im Rahmen der topicorientierten Strukturierung zu definieren.

Klassenbildung

Klassen helfen, die Größenordnungen in den Griff zu bekommen, und stellen die Grundlage für die Standardisierung dar. Zusammen mit passenden Konventionen dienen sie der Erstellungsseite als Rahmen bei der Konzeption von Informationsgebilden und als Vorlage für deren Umsetzung. Statt Hunderte oder Tausende von Topics und Links einzeln zu planen, werden nur wenige Klassen konzipiert. Für jede Klasse wird ein Muster erstellt, das den Autoren als Vorlage dient. Die Vorlage nimmt den Autoren die Planungsarbeit ab, die ansonsten immer wieder durchgeführt werden müsste und führt bei konsequenter Anwendung dazu, dass auf der Erstellungsseite systematisch organisiert wird und sich die Nutzungsseite dank Konsistenz leichter zurechtfindet.

Auf der Basis von standardisierten Klassen können Informationsgebilde beliebigen Umfangs entstehen, die dank ihrer Systematik für die Erstellungsseite kontrollierbar bleiben, und für die Qualitätskriterien wie Korrektheit und Einheitlichkeit verlässlich nachgewiesen werden können.

Minimalismus

Klassenbildung und Standardisierung verursachen Aufwände und bergen zudem die Gefahr, dass sie nicht zweckmäßig sind. Dies gilt insbesondere, wenn es an Erfahrung mangelt. Der minimalistische Ansatz „nur so viel wie nötig“ hilft, die Standardisierungsaufwände in Grenzen zu halten, und verhindert gleichzeitig, dass der Rahmen zu eng wird.

Stufenweises Vorgehen

Modelle und Standards müssen so früh wie möglich auf die realen Gegebenheiten angewendet werden, um ihre Tauglichkeit zu prüfen. Der praktische Einsatz zeigt Lücken und Schwächen der Modelle und liefert neue Erkenntnisse für deren Festlegung. Ein stufenweises Vorgehen bei der Festlegung ermöglicht es, sich auf effiziente Art und Weise den passenden Modellen und Standards schrittweise anzunähern. Mängel werden frühzeitig erkannt und beseitigt. Jeder einzelne Schritt kann entsprechend den Gegebenheiten so gewählt werden, dass seine Durchführung machbar ist und eine Verbesserung gegenüber der jeweiligen Ausgangssituation erzielt wird.

3 Klassenkonzepte für Tutorials

Dieser Abschnitt skizziert, wie ein Klassenkonzept für Tutorials entwickelt wird. Die Beispiele stammen aus meiner eLearning-Veranstaltung im Studiengang Technische Redaktion an der Hochschule Karlsruhe – Technik und Wirtschaft.

3.1 Topic-Klassen entwickeln

Die Klassifizierung von Inhalten erfolgt nach schon bekannten oder noch zu definierenden Kriterien. Beispiele für typische Kriterien zeigt die folgende Tabelle:

Aspekt	Kriterium
Umfang	Ein Topic soll nicht zu lang sein.
Art des Inhalts	Allgemein gültige und spezifische Informationen sollen unterschieden werden. Notwendige und optionale Angaben sollen unterschieden werden.
Zielgruppe	Inhalte für Anfänger, Fortgeschrittene und Experten sollen unterschieden werden.
Verwendungszweck	Lehrinhalt soll von den Aufgaben getrennt werden.

Aspekt	Kriterium
Technik	Inhalte sollen nach technischen Kriterien getrennt werden, zum Beispiel welche Entwicklungswerkzeuge für ihre Erstellung eingesetzt werden und welche Anzeigewerkzeuge für die Nutzung erforderlich sind.

Tabelle 1: Kriterien für die Topic-Klassen-Entwicklung

Mit bekannten Topic-Klassen starten

Zu den typischen Topic-Klassen für Tutorials gehören Klassen wie Lehrinhalt, Aufgabe und Lösung.

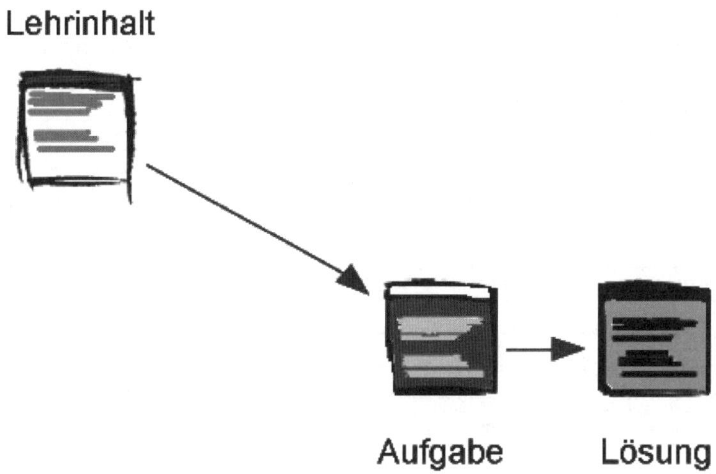

Abbildung 5: Topic-Klassen für Tutorials

Diese Klassenbildung lässt sich nach den Grundregeln der topicbasierten Modularisierung wie folgt begründen (Closs 2006):

- Bei der Durchführung einer Aufgabe sollen der zugehörige Lehrinhalt und die passende Lösung nicht gleichzeitig sichtbar sein.
- Die Trennung von Lehrinhalt, Aufgabe und Lösung ermöglicht es, auf der Erstellungsseite zum Beispiel an mehreren Stellen dieselbe Aufgabe zu verwenden oder den Lehrinhalt auch ohne Aufgaben beispielsweise für eine Präsentation einzusetzen.

- Aus einem Pool von Lehrinhalten, Aufgaben und Lösungen können unterschiedliche Zusammenstellungen realisiert werden. Beispielsweise können Aufgaben und Lösungen mit dem passenden Lehrinhalt kombiniert werden. Zusätzlich kann aus allen Aufgaben und Lösungen ein eigener Nachschlageteil zusammengestellt werden. Sollen die Lösungen nicht für alle zugänglich sein, können auch zwei Nachschlageteile konzipiert werden.

Standards für Topic-Klassen festlegen

Für jede Topic-Klasse werden Konventionen festgelegt. Diese Konventionen gelten dann für alle Topics innerhalb einer Klasse. Neben einem Benennungsschema für die Klasse und ihre Topics spielen der innere Aufbau, die Gestaltung und die technische Umsetzung eine Rolle.

Bei der Realisierung von Tutorials muss auch das beabsichtigte didaktische Konzept berücksichtigt werden. Soll es beispielsweise möglich sein, Aufgabe und Lösung gleichzeitig anzeigen zu können oder soll dies bewusst vermieden werden?

Beispiele

Topic-Klassen für ein Tutorial zu InDesign (von Licht, Kröning, Scheufele, Stober):

Topic-Klasse	ID-Konvention	Erstellungstool	Inhalt	Beschreibungsstil	Layout
Einführung (global)	BES_	RH-Topic	Text	Einfache Aussagesätze	Angepasstes Default css
Lektionsüberblick	LUE_	RH-Topic	Text	Einfache Aussagesätze	Angepasstes Default css
Lehrinhalt	LE_	Captivate-Film	Film	?	?
Test (nach jeder Lektion)	TES_	Captivate-Film	Film	?	?

Abbildung 6: Konventionen für Tutorial-Topic-Klassen

Topic-Klassen für ein Tutorial, das die Bedienung eines CamCorders erklärt (von Ehrenfeld, Fischer, Hatzenböller, Vögele):

Topic-Klasse	ID	Primäres Erstellungstool	Inhalt	Funktion
Vorbedingungen	VOR	Adobe Captivate	Bild, Text, Ton	fordert die Anwender auf, eventuell notwendige Vorbedingungen zu erfüllen, z.B. Lautsprecher aktivieren, Bildschirmauflösung korrekt einstellen
Kapitelübersicht	KAP	Adobe Captivate	Bild, Text	
Lehrinhalt - Passiv	LP	Adobe Captivate	Bild, Text, Ton, Video	Veranschaulichung von Lehrinhalten ohne Benutzer-Interaktion. Diese Topic-Klasse ist dafür gedacht, Lehrinhalte, die sich in einer realen Umgebung abspielen, nachzuvollziehen.
Lehrinhalt - Umgang mit dem Tutorial	LU	Adobe Captivate	Bild, Text, Ton, Video	Topic mit interaktiven Elementen. Eine oder mehrere einfache Aufgaben sollen gelöst werden mit dem Ziel, die Bedienung des Tutorials zu üben. Dies ist eine Vorbereitung für die Topics der Klasse "Lehrninhalt - Interaktiv", damit dort nicht gleichzeitig der Umgang mit dem Tutorial und die eigentlichen Tutorialinhalte erlernt werden müssen.
Lehrinhalt - Interaktiv	LI	Adobe Captivate	Bild, Text, Ton, Video	Topic mit interaktiven Elementen. Ziel ist es den Benutzer anhand einer definierten Aufgabenstellung durch eine Softwareoberfläche zu führen. Der Benutzer soll sehen, was zu tun ist, anhand von Beschreibungen hören, wieso er der jeweilige Schritt notwendig ist, und den jeweiligen Schritt innerhalb des Tutorials nachvollziehen, um den Schritt zu verinnerlichen.

Abbildung 7: Konventionen für Tutorial-Topic-Klassen

Nach und nach können bei Bedarf weitere Konventionen für die Topic-Klassen festgelegt werden.

Beispiel

Detaillierte Konventionen für die Topic-Klassen des CamCorder-Tutorials:

Topic-Klasse	Optional/Pflicht	Layout	Innere Struktur	Verlinkung
VOR	Pflicht, wenn Ton benutzt oder Videos gezeigt werden, optional sonst	Hintergrund: *There_is_Rain_on_the_Table.jpg* Texte: Beschriftungstyp halogreen und Schrift Calibri, 12pt.		Vorgänger: keiner Nachfolger: VOR (wenn mehrere Vorraussetzungen zu erfüllen sind, muss jede Vorraussetzung durch einen Klick auf einen obligatorischen "weiter"-Link bestätigt werden.), KAP (von letzter Voraussetzung obligatorisch, wenn KAP vorhanden), LP, LU, LI
KAP	Pflicht, wenn Anzahl aller vorhandenen Kapitel >= 2	Hintergrund: *Skeeter_Hawk.jpg* Texte: Beschriftungstyp halogreen und Schrift Calibri, 12pt, schwarz. Überschriften: Beschriftungstyp halogreen und Schrift Calibri, 12pt, schwarz.	nur ein Topic Das Topic muss in kurzer Form beschreiben, was die Ziele des gesamten Tutorials sind. Das Topic muss eine Möglichkeit anbieten, der das Tutorial beendet.	Vorgänger: VOR (fakultativ), Linkziel für absolvierte Kapitel Nachfolger: LP, LU, LI
LP	to be done (TBD)	TBD	TBD	TBD
LU	TBD	TBD	TBD	TBD
LI	TBD	TBD	TBD	TBD

Abbildung 8: Detaillierte Konventionen für Tutorial-Topic-Klassen

Die Standardisierung erleichtert die Erstellung und führt zu einem einheitlichen und konsistenten Erscheinungsbild.

Beispiel

Nutzungssicht eines topicbasierten SQL-Tutorials:

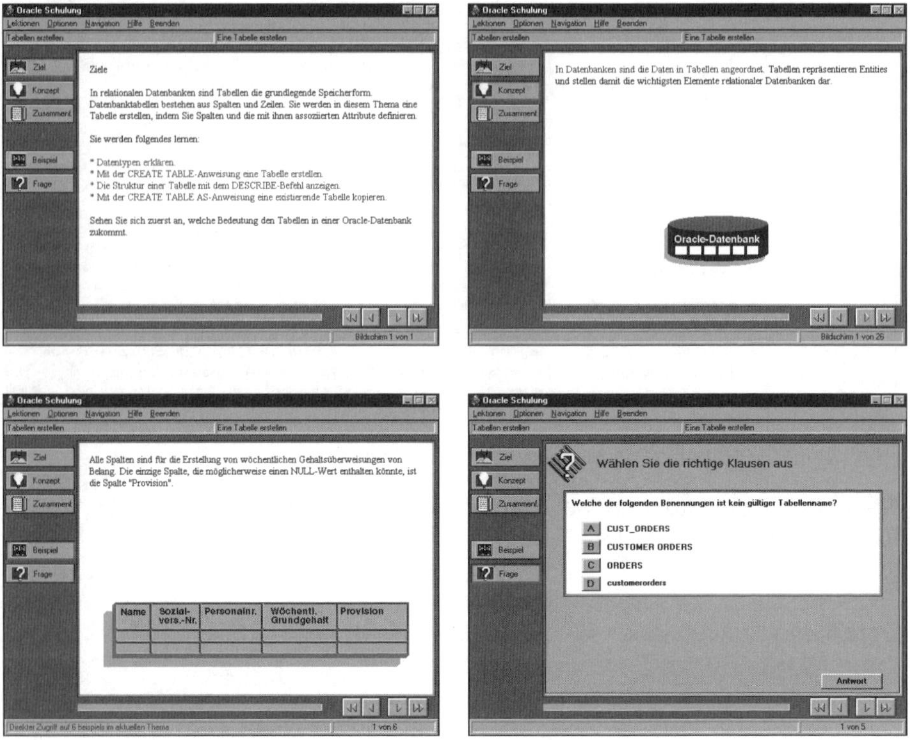

Abbildung 9: Nutzungssicht eines topicbasierten Tutorials

Weitere Topic-Klassen ergänzen

Ein vorhandenes Klassenkonzept kann sukzessive erweitert werden.

Beispielsweise kann es sinnvoll sein, noch eine eigene Klasse für Beispiele zu definieren. Die Einführung einer eigenen Klasse für Beispiele hat nicht unbedingt zur Folge, dass Beispiele physisch vom Lehrinhalt getrennt werden. Dies ist erst dann sinnvoll, wenn weitere Bedingungen für die Aufteilung erfüllt sind; wenn etwa ein Beispiel mehrfach verwendet werden kann oder Beispiele separat zusammengestellt werden sollen. Die Einführung einer eigenen Klasse kann unabhängig davon sinnvoll sein, wenn Beispiele eigene Standardisierungsregeln erhalten und konsistent behandelt werden.

Außer den generischen Klassen können bei der Weiterentwicklung eines Klassenkonzepts lehrgebietsspezifische Klassen entstehen. So können für die Mathematik die Klassen Satz und Beweis sinnvoll sein, während sich für die Chemie vielleicht eine Klasse Versuch eignet.

3.2 Link-Klassen

Auf der Basis der festgelegten Topic-Klassen werden systematisch die gewünschten Link-Klassen konzipiert, indem für jede Topic-Klasse die erlaubten und die nicht erlaubten Beziehungen festgelegt werden. Bei Tutorials kann zum Beispiel aus didaktischen Gründen festgelegt werden, dass man nur über die Aufgabe zur Lösung gelangt, nicht aber direkt vom Lehrinhalt.

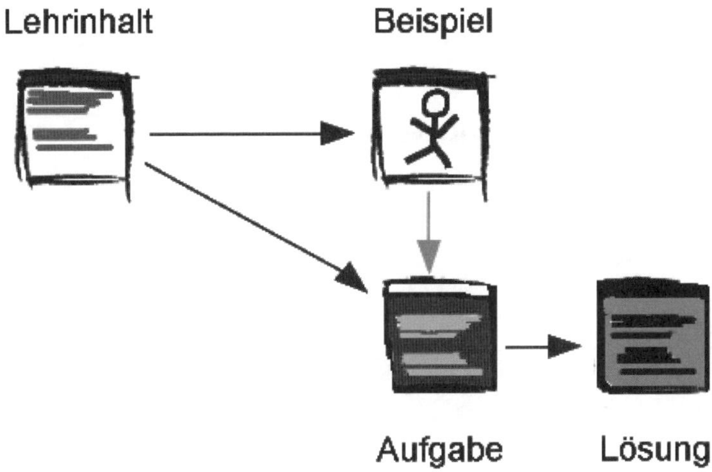

Abbildung 10: Link-Klassen für Tutorials

Standards für Link-Klassen festlegen

Auch für jede Link-Klasse werden Konventionen festgelegt. Diese Konventionen gelten dann für alle Links innerhalb einer Klasse. Quelle und Ziel sowie die Gestaltung und die technische Umsetzung spielen eine besondere Rolle.

Beispiel

Link-Klassen für das CamCorder-Tutorial:

Link-Klasse	Quelle	Ziel	Eigenschaft und Formatierung
Weiter (intern)	LP, LU, LI	nächstes Topic des jeweiligen Kapitels	Topic läuft erst weiter, wenn dieser Link vom Lernenden geklickt wurde. Formatierung: Calibri, 18pt, schwarz, kein Symbol
Weiter (extern)	VOR	KAP	Topic wird beendet und neues gestartet, wenn dieser Link vom Lernenden geklickt wurde. Formatierung: Calibri, 18pt, schwarz, kein Symbol
Zum nächsten Kapitel	LP, LU, LI	LP, LU, LI	Beendet das aktuelle Topic und startet das nächste Topic, Formatierung: Calibri, 12pt, schwarz, Symbol *media_skip_forward.png*
Kapitelübersicht	Letzte Folie einer Topic-Klasse LP, LU, LI	Kapitelübersicht	Beendet das aktuelle Topic und führt den Lernenden zur Kapitelübersicht, Formatierung: Calibri, 12pt, schwarz, Symbol *view_detailed.png*
Tutorial beenden	KAP, LP, LU, LI	letzte Folie. Diese hat kein Ziel, beendet das Kapitel und damit das Tutorial	Formatierung: Calibri, 12pt, schwarz, Symbol *system_shutdown.png*
Lerninhalt - Passiv	KAP, LP, LU, LI	LP	Beendet das aktuelle Topic, Formatierung: Calibri, 12pt, schwarz, Symbol *gwenview.png*
Lerninhalt - Umgang mit dem Tutorial	KAP, letztes Topic einer Topic-Klasse LP, LI	LU	Beendet das aktuelle Topic, Formatierung: Calibri, 12pt, schwarz, Symbol *system_search.png*
Lerninhalt - Interaktiv	KAP, letztes Topic einer Topic-Klasse LP, LU	LI	Beendet das aktuelle Topic, Formatierung: Calibri, 12pt, schwarz, Symbol *system_run.png*

Abbildung 11: Konventionen für Tutorial-Link-Klassen

3.3 Informationsgebilde-Klassen

Ausgehend von den Topic-Klassen und Link-Klassen kann die Zusammenstellung in Form von Informationsgebilden modelliert und grafisch dargestellt werden. Insbesondere die Zugangsmöglichkeiten müssen konzipiert werden.

Beispiel

Informationsgebilde-Klasse für das CamCorder-Tutorial: siehe nächste Seite.

3.4 Fazit

Die Tauglichkeit der Klassenkonzept-Technik hat sich eindrucksvoll bewiesen. In der nur zweistündigen Veranstaltung konnten acht Gruppen mit jeweils zwei bis vier Studierenden ein eigenes Klassenkonzept definieren und darauf basierend ihr Tutorial realisieren.

Besonders bemerkenswert aber ist, dass sich schon nach kurzer Zeit generische Klassen herausgebildet haben, die im Kern für alle Gruppen tauglich waren, auch wenn ganz unterschiedliche Tutorials realisiert wurden.

Dies wiederum zeigt Folgendes:

- Der Aufwand für die Findung eines Klassenkonzepts ist durchaus vertretbar.
- Auf der Basis eines Klassenkonzepts kann schnell ein Konsens unter vielen Beteiligten gefunden werden.
- Die Erstellungsseite gewinnt durch die Standardisierung im Rahmen eines Klassenkonzepts entscheidend an Effizienz.

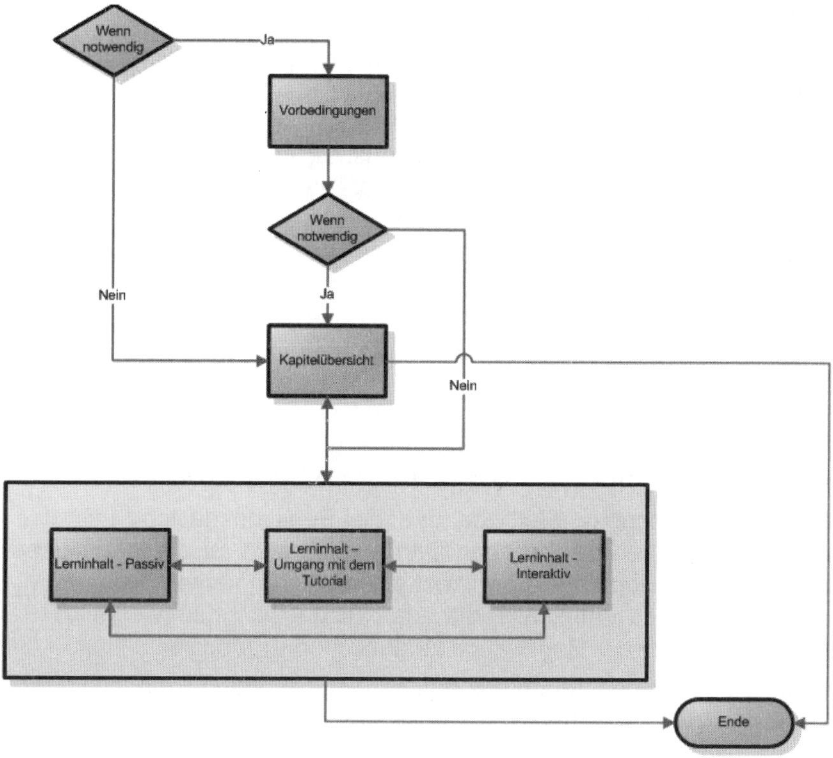

Abbildung 12: Informationsgebilde-Klasse

- Kreativität und Flexibilität werden aber keineswegs eingeschränkt. Im Gegenteil: Dank des vorgegebenen Rahmens bleibt mehr Zeit für die inhaltliche und gestalterische Feinarbeit.
- Die Zusammenarbeit wird deutlich erleichtert. Ist bereits ein gemeinsamer Rahmen festgelegt, können flexibel Personen ins Team eingebunden und Inhalte ausgetauscht werden.

4 Klassenkonzept-Technik im Einsatz

Die Klassenkonzept-Technik bietet einen pragmatischen Ansatz für die Modellierung und Standardisierung von topicbasierten Informationsgebilden auf der Basis von Klassen. Sie verwendet ein minimalistisches Grundprinzip und definiert ein Vorgehensmodell, das sich an den agilen Vorgehensmodellen der Software-Entwicklung orientiert.

4.1 Entstehung der Klassenkonzept-Technik

Die Anfänge gehen zurück in die 1980er-Jahre. Der eigentliche Ausbau der Technik mit wohldefinierten Prinzipien für die Klassenbildung und Standardisierung begann Anfang der 1990er-Jahre, als mit den Online-Hilfe-Systemen vielversprechende Umsetzungsmöglichkeiten für topicbasierte Informationsgebilde auftauchten. In mehr als zwanzig Jahren Einsatz in der Praxis wurde die Klassenkonzept-Technik kontinuierlich verfeinert und erfolgreich in allen Bereichen der technischen Dokumentation eingesetzt.

4.2 Abgrenzung

Die Klassenkonzept-Technik verwendet so weit wie möglich bewährte Modelle, Methoden und Techniken.

Offen für jede Modularisierungstechnik

Jede Strukturierungsmethode lässt sich zur Modellierung einbinden.

Die Information-Mapping-Methode und die Funktionsdesign-Methode, die auch in diesem Band beschrieben sind, eignen sich für die inhaltliche Modellierung. Beide Modularisierungstechniken können verwendet werden, um Inhaltskategorien zu definieren, die aus Nutzungssicht sinnvoll sind. Beide Methoden führen in der Regel auch zu ähnlichen Ergebnissen.

Bei der topicbasierten Modularisierung reicht allerdings die alleinige Berücksichtigung der Nutzungsseite nicht aus. Die Erstellungsseite und die technische Umsetzung müssen zusätzlich beachtet werden.

Berücksichtigung der Beziehungen

Hervorzuheben ist, dass die Klassenkonzept-Technik bei der Modellierung nicht nur die Topics sondern auch die Beziehungen (Links) berücksichtigt. Damit unterscheidet sie sich deutlich von anderen Modularisierungstechniken. Für die Qualität topicbasierter Informationsgebilde ist die Kontrolle über die Beziehungen unerlässlich. Unkontrollierte Links sind auf der Nutzungsseite die Ursache für Orientierungslosigkeit. Für die Erstellungsseite geraten die Erstellung und Pflege der Beziehungen ohne Konzept ab einer gewissen Größenordnung außer Kontrolle.

Veränderung vorgesehen

Des Weiteren sieht die Klassenkonzept-Technik ein Klassenkonzept nicht als ein einmal definiertes, statisches Gebilde an, sondern sieht von vornherein Veränderung vor. Ein Klassenkonzept ist somit ein dynamisches Gebilde, das nach Bedarf angepasst und weiterentwickelt werden kann.

4.3 Anwendbarkeit

Topicbasierte Strukturierung wird eingesetzt, seit es Dokumente gibt. Bekannte Beispiele aus der Papierwelt wie Glossare und Kommandobeschreibungen sind seit Langem etabliert. Sie sind heute so vertraut, dass es nicht unbedingt eines Klassenkonzepts bedarf, um beispielsweise eine Begriffserklärung zu erstellen. Für andere Inhalte fehlt es allerdings noch an vertrauten Modellen. Der Mangel an praxistauglichen Modellen führt zu enormen Kosten und Aufwänden auf der Erstellungsseite wie auch auf der Nutzungsseite. Hier dient die Klassenkonzept-Technik dazu, Modelle und geeignete Standards zu finden, damit die Vorteile der topicorientierten Strukturierung zum Tragen kommen. Für jede Art von Inhalt lässt sich ein geeignetes Klassenkonzept definieren.

Aber auch die Klassenkonzept-Technik ist lediglich ein Werkzeug, das wie jedes Werkzeug für den erfolgreichen Einsatz eine gewisse Expertise voraussetzt.

4.4 Umsetzung der Klassenkonzept-Technik

Die im Redaktionsumfeld bekannten Tools helfen nur partiell, ein Klassenkonzept technisch umzusetzen. Bei einigen Autorenwerkzeugen können Vorlagen angelegt werden, die es ermöglichen, Klasseneigenschaften festzulegen. Aber die Tool-Möglichkeiten sind bis heute nicht flexibel genug, weder um Klassen und ihre spezifische Standardisierung komplett umzusetzen, noch um Änderungen am Konzept dynamisch und durchgängig vornehmen zu können. Folglich müssen organisatorische Maßnahmen und Behelfslösungen die noch nicht vorhandene integrierte Tool-Unterstützung ersetzen.

DITA verwendet das Prinzip der Typisierung für Topics und Informationsgebilde und ermöglicht eine XML-basierte Definition der Topic-Klassen und Informationsgebilde-Klassen. Beziehungsklassen sind in DITA erst ansatzweise berücksichtigt.

4.5 Praxistauglichkeit der Klassenkonzept-Technik

Die Klassenkonzept-Technik ist aus der Praxis entstanden und wurde für die Praxis gemacht. Bewährte Modelle, Methoden und Techniken können verwendet werden. Dadurch vermindert sich das Risiko eines untauglichen Konzepts, und die Umsetzung kann schnell erfolgen.

Der durchgängig minimalistische Ansatz dient dazu, Planungsphasen kurz zu halten und unnötige Formalismen zu vermeiden. Die Dokumentationserstellung kann schon beginnen, auch wenn ein zugehöriges Klassenkonzept noch nicht vollständig ist.

Die einfachen, aber dennoch aussagekräftigen Notationsmittel ermöglichen es, dass ein erster Konzeptentwurf schnell erstellt ist und das Konzept kontinuierlich überprüft und bei Bedarf angepasst werden kann. Lücken und Änderungen sind sofort erkennbar. Statt seitenlanger Leitfäden genügen in der Regel zwei bis drei übersichtliche Tabellen.

Die kontinuierliche Überprüfung stellt sicher, dass Modell, Konzept und Umsetzung zu den Gegebenheiten und Anforderungen passen und Veränderungen frühzeitig Berücksichtigung finden.

4.6 Vorteile des Klassenkonzepts

Die Implementierung eines Klassenkonzepts bedeutet einen gewissen Zeitaufwand. Häufig wird dieser Aufwand gescheut. Langfristig zahlt sich jedoch eine standardisierte Vorgehensweise aus.

Vorteile für die Erstellungsseite

Für die Erstellungsseite ist die Modellbildung und Standardisierung auf der Basis von Klassen der rettende Anker. Mit der Klassenbildung reduziert sich die Größenordnung bei der Konzeption auf ein beherrschbares Maß.

Des Weiteren führen Systematisierung und Standardisierung zu höherer Produktivität bis hin zu Automatisierbarkeit, nachweisbarer Qualität und Stabilität. Wenn der organisatorische Rahmen in Form eines Klassenkonzepts steht, können sich die Autoren auf die Inhalte konzentrieren. Austausch und gemeinsame Entwicklung gelingen, wenn alle dieselbe Sprache sprechen. Nach wie vor aber ist die Fähigkeit der Autoren gefragt, Inhalte auszuwählen und anzuordnen sowie sie lesefreundlich zu formulieren und zu gestalten.

Vorteile für die Nutzungsseite

Systematisierung und Standardisierung durch Klassifizierung führen auf der Nutzungsseite zu besserer Orientierung und höherer Effizienz.

5 Gute Aussichten für eXtremes Dokumentieren (XD)

Die Klassenkonzept-Technik erzeugt eine effiziente und kreative Projektkultur, in der die Kernprinzipien eines agilen Vorgehensmodells – Kollaboration, Feedback, Einfachheit und Kommunikation – die Methodik „eXtremes Dokumentieren (XD)“ definieren.

Statt einseitiger Kommunikationswege und Informationsflüsse steht das Einbeziehen vieler Beteiligter im Vordergrund, um vom Wissen der anderen zu profitieren und insgesamt schneller zum Ziel zu kommen.

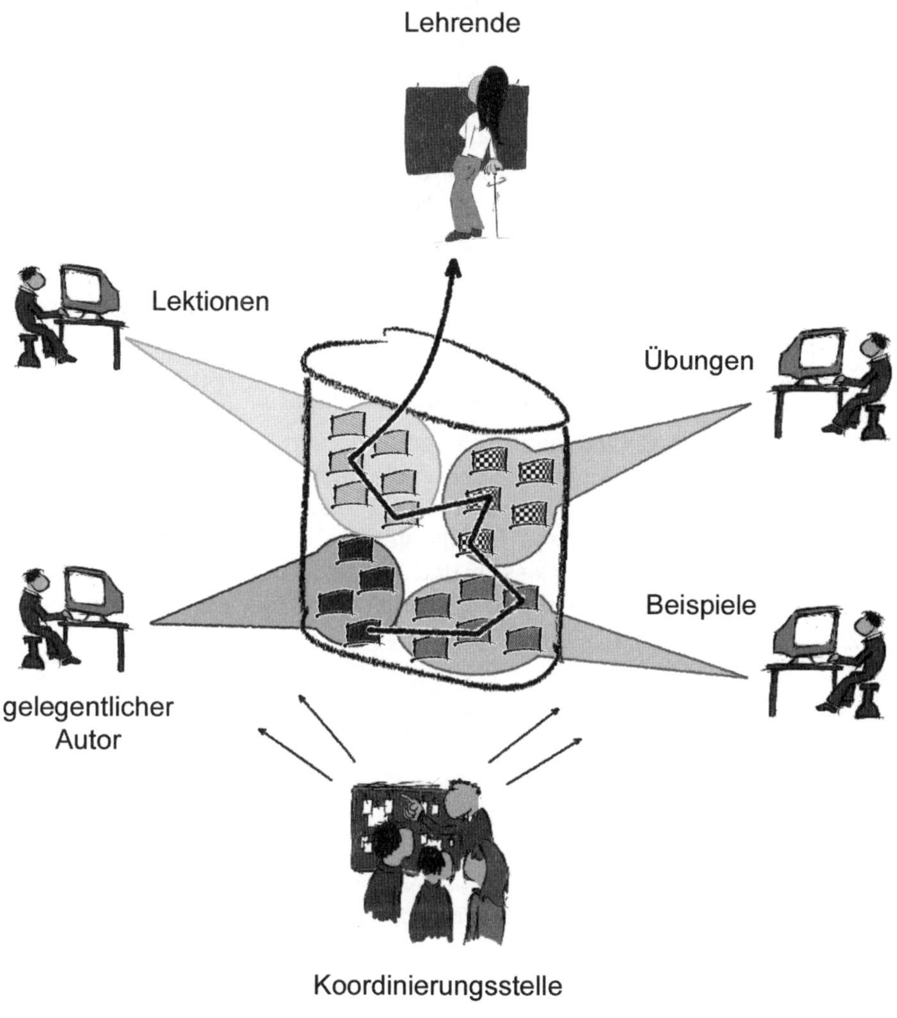

Abbildung 13: Flexible Zusammenarbeit

Erst die Aufhebung der strikten Trennung zwischen Autor und Leser bzw. Produzent und Konsument wird Inhalte schaffen, die der Funktion, Erfahrung und Aufgabe der Zielgruppe gerecht werden und in einer passenden Sprache verfasst sind.

5.1 Wie kann die Beteiligung erreicht werden?

Wissenstransfer ist ein kulturell anspruchsvoller Prozess, der ein kollektives Verständnis für die Wissensbewertung voraussetzt. Motivation, Emotion und soziale Interaktion wurden lange unterschätzt. Wie lassen sich Nutzende binden und neue Beteiligung fördern? Jüngste Erfahrungen mit Kollaborationsplattformen im Internet zeigen die besten Ergebnisse da, wo eine weitgehend selbstorganisierte Community die Plattform mit Leben füllt.

Für die Organisation der Inhalte eignet sich die topicorientierte Strukturierung hervorragend. Aufteilung der Aufgaben, Art und Umfang der Beteiligung lassen sich ganz nach Bedarf regeln, auch eine kurzfristige, temporäre Mitarbeit ist problemlos möglich.

5.2 Wie wird der Wissenstransfer beschleunigt?

Projekte müssen innerhalb kurzer Zeit unter hohem Druck fertiggestellt werden. Nach dem Abschluss stehen schon die nächsten Aufgaben an, sodass für den Wissenstransfer kaum Zeit bleibt. Gemeinsame Techniken und Standards über Projektgrenzen hinaus steigern die Produktivität im Team, sorgen für ein breites Basiswissen und helfen, das Risiko zu minimieren, dass sich bereits unterlaufene Fehler wiederholen.

6 Weiterführende Informationen

Literatur

Beck, Kent/ Fowler, Martin 2001: Planning Extreme Programming Explained: Addison Wesley.

Bush, Vannevar 1945: As We May Think. In: Journal The Atlantic Monthly.

Closs, Sissi 2006: Single-Source-Publishing. Topicorientierte Strukturierung und DITA. München: entwickler.press.

Hargis, Gretchen et al. 2004. Developing Quality Technical Information: A Handbook for Writers and Editors, 2nd edition, New Jersey: Prentice Hall PTR.

Wolf, Henning/ Roock, Stefan/ Lippert, Martin 2005: Extreme Programming. Heidelberg: dpunkt.

Horton, William K. 1995: Designing and Writing Online Documentation. Hypermedia for Self-Supporting Products. 2nd edition. New York: John Wiley & Sons.

Rockley, Ann 2003: Managing Enterprise Content. A Unified Content Strategy. Berkeley: New Riders.

Rüping, Andreas 2003: Agile Documentation. A Pattern Guide to Producing Lightweight Documents for Software Projects. Wiley Software Patterns Series: John Wiley & Sons.

Tracey J. R./ Rugh, D. E./ Starkey W. S. 1965: Sequential Thematic Organization of Publications (STOP). (Reprint in: Journal of Computer Documentation 3, Vol. 23, 1999).

Internetadressen

DITA bei IBM: http://www.ibm.com/developerworks/xml/library/x-dita1/

DITA auf den Coverpages: http://xml.coverpages.org/dita.html

www.comet.de

Kontrollierte Sprache – standardisierende Sprache?

Anne Lehrndorfer / Ursula Reuther

Perfektion ist nicht dann erreicht, wenn man nichts mehr hinzufügen kann, sondern wenn man nichts mehr weglassen kann.

Antoine de Saint-Exupéry

1 Historie und Konzept der Methode

Die Geschichte der Kontrollierten Sprache ist alt. In ihr zeigt sich das ureigene menschliche Bedürfnis, aus politischen, ideologischen oder kommunikativen Gründen Sprachbarrieren zu überwinden. Bis heute ist das Konzept der Kontrollierten Sprache – neben der sprachfreien Darstellung von technischen Inhalten – die einzige Alternative zum Übersetzen eines Textes und ein herausragendes Beispiel des humanistischen Gedankens zu vollkommenen Sprachen.

1.1 Das Konzept Weltsprache

Als Vorreiter der Kontrollierten Sprachen zählt die Koiné (ausgesprochen kiní), eine Form des Altgriechisch, in der durch Vereinfachungen die verschiedenen griechischen Dialekte überwunden und die Völker der damals bekannten Welt, wenn auch nur vorübergehend, sprachpolitisch geeinigt wurden. Koiné wurde unter der Expansionspolitik Alexander des Großen durch kulturelle Leistungen und in ihrer Funktion als Kanzleisprache der Makedonenkönige bis in die römische Kaiserzeit hinein die wichtigste Verkehrssprache im östlichen Mittelmeerraum – auch als Sprache des Neuen Testaments. Koiné ist in ihrer Rolle – nicht in ihrer Konzeption! – durchaus vergleichbar mit dem heutigen Standard des Simplified English. Koiné galt als imperial begründete Weltsprache der Antike, ähnlich dem heutigen Englisch in seiner welt- und wirtschaftspolitischen Funktion.

In diesem Vergleich zwischen dem hellenistischen Griechenland und dem modernen Amerika könnte sich bereits Ideologie und Empathie, die mit dem Konzept der Kontrollierten Sprachen anklingen, zeigen. So gehen die Meinungen über Bedarf und Nutzen der Kontrollierten Sprachen auseinander. Häufig nehmen die formulierenden Anwender der Kontrollierten Sprache eine kritische Haltung gegenüber der verordneten Kontrolle ein – auch wenn die Kontrolle auf Fachsprachen und Teildisziplinen der fachlichen Kommunikation reduziert ist und dort sowohl aus Perspektive der Leser als auch aus Wirtschaftlichkeitsgründen erfolgreich ist.

1.2 Warum Sprache kontrollieren?

Der Bedarf einer Kontrollierten Sprache entsteht aus dem Variantenreichtum und der Flexibilität natürlicher Sprachen – in alltäglichen Kommunikationssituationen ein kreativer Nutzen, in interkultureller Fachkommunikation, Gefahren- und Handlungssituationen mitunter ein Schaden.

Beispiel für Variantenreichtum auf Wortebene und Möglichkeiten der Beschränkung:

Das Webster´s Dictionary besitzt 3 Millionen Worteinträge mit 13 Millionen Bedeutungen, die sich synonym verschränken, z. B. right: opposite of left, being correct, politically oriented, turning clockwise, right-handed.

Um Mehrdeutigkeiten, Missverständnisse und falschen Gebrauch zu vermeiden, liegt die Lösung in einem begrenzten, disambiguierenden Wortschatz. Dadurch verwenden und verstehen nicht nur Nicht-Muttersprachler mit einem eingeschränkten Wortschatzwissen die Benennungen sicherer, auch Muttersprachler mit mangelhafter oder „überschäumender“ Sprachkompetenz produzieren harmonisierte Texte; fehlende interkulturelle Kompetenz und fehlendes Lokalisierungsbewusstsein fällt nicht ins Gewicht. Einem nachlässigen Umgang mit Terminologien und allgemein sprachlichen Bedeutungsinhalten oder Unschärfen zwischen Fachterminologien und Allgemeinwortschatz wird Einhalt geboten.

Beispiel für Variantenreichtum auf Satzebene und Möglichkeiten der Beschränkung:

Nicht nur mehrdeutige Satzstrukturen, auch die generative Kraft der Grammatik erzeugt fehlerhafte, mehrdeutige, ungenaue, aus pragmatischer Sicht zielgruppenfremde und schwer verständliche Strukturen, z. B.:

- Der vom Sohn gestern gekaufte und heute zugelassene Wagen ist rot.
- Der rote Wagen wurde gestern gekauft und heute vom Sohn zugelassen.
- Der Sohn kaufte gestern und ließ heute den roten Wagen zu.
- Den roten Wagen hat gestern der Sohn gekauft und heute zugelassen.

Die Lösung liegt in der Vorgabe von strukturellen Regeln, die Satzlänge, Satzmodus, Genus Verbi, Satzglieder, Satzrelationen etc. definieren. Dadurch werden Inversionen, informationsverdichtende Strukturen und uneindeutige oder falsche Bezüge aufgedeckt.

Beispiel für Variantenreichtum in der inneren Struktur und Möglichkeiten der Beschränkung:

Hinter den äußeren sprachlichen Merkmalen Wortwahl und Syntax variiert Sprache sprecher-, situations- und inhaltsabhängig, kann eingesetzt werden als Ausdruckform von Nähe, Distanz, (Wissens-)Kultur- und Hierarchiezugehörigkeit und viele andere mehr. So haben z. B. folgende Beispielsätze mitunter verschiedene Aussageabsichten und wirken in dieser Unschärfe zudem unterschiedlich auf den Leser:

- Der Motor sollte regelmäßig gewartet werden.
- Motor regelmäßig warten.
- Bitte warten Sie den Motor regelmäßig, um [Begründung] ... zu vermeiden.
- Der regelmäßig gewartete Motor ...

Eine Lösung gegen diesen ungewollten Variantenreichtum und daraus entstehende Missverständnisse liegt in einem, auch den Schreibprozess beeinflussenden Eingriff in die Informationsgestaltung (vgl. Lehrndorfer et al. 2001:150ff.), indem Aussageabsichten vordefinierten, den spezifischen Bedürfnissen der Fachkommunikation zugeschnittenen, inhaltlichen Klassen zugeordnet werden (z. B. ASD/AIA S1000D; vgl. auch: Funktionsdesign, Information Mapping, DITA). Bekannte, wenngleich flachere Formen dieser „metasprachlichen" Zuordnungen innerhalb des Schreibprozesses regulieren z. B. das Layout (z. B. XML).

Auf den Autor wirkt die quasi dem Schreibprozess vorangehende, erzwungene, metasprachliche Zuordnung kontrollierend auf Wortwahl und Satzbau und beeinflusst in Folge – über den Zusammenhang von sprachlicher Einfachheit und inhaltlicher Ordnung – auch die Textqualität (vgl. Lehrndorfer et al. 2002:157).

1.3 Plansprachen vs. Kontrollierte Sprachen

In der Konzeption von Kontrollierter Sprache sind zwei Typen zu unterscheiden:

- die künstlichen Sprachen (Plansprachen) und
- die Kontrollierten Sprachen, die eine echte Untermenge ihrer Quellsprachen sind.

Berühmtes Beispiel für ersteren Typ ist – neben Koiné – das Esperanto von Zamenhof (1887). Für den zweiten Typ ist das wichtigste Beispiel für die technisierte Welt das Simplified English und dessen Schwester- und Tochterversionen.

Das Esperanto verfügt über eine einfache phonologische, morphologische und syntaktische Struktur, der Wortschatz basiert auf einer bewussten Mischung von romanischen, germanischen, slawischen und indogermanischen Wortwurzeln, die agglutinierend mit Affixen kombiniert werden.

Folgendes Textbeispiel zeigt

- die Markierung von Substantiven im Subjektsfall in Singular und Plural (durch o und oj)
- die Art der Verneinung im Objektsfall (ne vor dem Verb)
- die Markierung des Adjektivs in Singular und Plural (durch a und aj)
- die agglutinierende Markierung des Substantives (durch o) in Singular oder Plural (durch oj) im Objektfall (durch n).

Alle Wortstämme dieses Beispiels sind geläufig – so hat sentas seine Wurzel im lateinischen *sentire – fühlen, empfinden, wahrnehmen*.

Esperanto	**Deutsche Übersetzung**
Grand**a** elefant**o** ne sentas insekt**an** pik**on**.	Ein großer Elefant fühlt keinen Insektenstich.
Grand**aj** elefant**oj** ne sentas insekt**ajn** pik**ojn**.	Große Elefanten fühlen keine Insektenstiche.

Beispiel 1: Die agglutinierende Formenbildung der Plansprache Esperanto

Diese künstlichen Formen der Sprache haben sich aus verschiedenen Gründen nicht als Welthilfs- oder Universalsprache durchsetzen können (vgl. Lehrndorfer 1996:33ff). Sie haben zudem wenig zu tun mit den heute in Wirtschaft und Technik relevanten Kontrollierten Sprachen. Spricht man von kontrolliertem Englisch oder kontrolliertem Deutsch, Französisch usw., so spricht man von einer echten Untermenge der jeweiligen Sprachen, die den Regeln der jeweiligen Grammatik und der Wortbildung folgen und mitunter nur von Experten als kontrollierte Subformen erkannt werden können. Der Standardleser erkennt allemal, dass der Text stereotyp, klar und verständlich konstruiert ist. Parallele Satzkonstruktionen fallen ebenso ins Auge wie die variantenarme Wortwahl:

Connecting the Firewall

Use this procedure to connect your firewall, Ethernet and power cables:

1. Shut down your computer.
2. If you use a DSL or cable modem to connect to the Internet, disconnect its power supply.
3. Find the Ethernet cable between the modem and your computer. Disconnect this cable from your computer and connect it to the firebox external interface (WAN 1).
4. Find the Ethernet cable supplied with your firebox. ...

   The firewall power indicator light comes on and the external interface indicator lights flash and then come on. The firewall is ready. ...

Beispiel 2: Simplified English Text (Seegers, 2004:89)

Jede Kontrollierte Sprache dieses Typs benötigt eine funktionierende und akzeptierte Form der Quellsprache. Im Fall des kontrollierten Englisch wird als Begründer der Quellsprache Englisch gerne der mittelalterliche Schriftsteller und Dichter Geoffrey Chaucer (ca. 1343–1400) zitiert, da er seinerzeit das Mittelenglisch zur Literatursprache erhob. Aus dieser dem natürlichen Sprachwandel unterliegenden Quellsprache Englisch definierte Ogden 1932 den Prototyp eines kontrollierten Wortschatzes der Neuzeit: Sein BASIC English umfasst einen Wortschatz von 850 Wörtern, die den Klassen actions, things und quality zugeordnet sind. Bereits Ogden hat sein Konzept so angelegt, dass es innerhalb kurzer Zeit lernbar ist. Die Brauchbarkeit, Lernbarkeit und Größe dieses Grundwortschatz hat sich bewährt: Die Basiswortschätze der Folgevarianten rangieren immer im Bereich um 1000 Einträge.

Seit Ogdens BASIC English hat sich das Konzept der Sprachkontrolle stark differenziert. Hinzu kamen Regeln, die in mehrere sprachliche Ebenen eingreifen: neben Syntax auf Stil oder Textstruktur (auch hier findet sich eine auffallende Übereinstimmung in der Anzahl der so genannten Writing Rules: sie liegt bei ca. 55), zudem auf Layout, Illustrationen sowie in einigen Varianten auch auf die Ebene der inhaltlichen Identifikation, wie im ASD/AIA S1000D z. B. in die inhaltlichen Klassen (vgl. auch Göpferich 2007):

- Beschreibungen
- Arbeitsabläufe
- Prozesse
- Wartung
- illustrierte Teile
- Fehlerdiagnose.

Die Version von 2004 des AECMA Simplified English (Issue 2) umfasst eine Wortliste von so genannten Approved Words in der Größenordnung von ca. 900 Wörtern, die jeweils mit Definitionen und/oder Beispielen angereichert sind. Die Writing Rules umfassen 61 Regeln und gliedern sich in neun Kategorien (Sections), die sich zum einen an grammatischen Einheiten und Phänomenen orientieren, zum anderen an Funktionseinheiten, die die Dokumentstruktur vorgibt. Kategorie 9 ist Metaregeln gewidmet:		
Section 1	Words	14 rules
Section 2	Noun Phrases	3 rules
Section 3	Verbs	7 rules
Section 4	Sentences	4 rules
Section 5	Procedures	5 rules
Section 6	Descriptive Writing	8 rules
Section 7	Warnings, Cautions, and Notes	6 rules
Section 8	Punctuation and Word counts	11 rules
Section 9	Writing Practices	3 rules

Beispiel 3: Regel-Statistik zu einer aktuellen Version des AECMA Simplified English

Wie in den künstlichen Sprachen der Naturwissenschaft oder den Programmiersprachen gilt für alle Beispiele dieser Kontrollierten Sprachen, dass nur das definierte Inventar und nur dieses zur Beschreibung von Inhalten benutzt werden darf.

Als funktionstüchtige und erfahrungsreiche Basis für die heutigen Kontrollierten Sprachen gilt die Konzeption des in Beispiel 3 erwähnten Simplified English.

2 Entwicklung von Simplified English

Formen von kontrolliertem Englisch entwickelten sich in wirtschaftlichem und technischem Kontext, besonders in Bereichen, in denen die technische Dokumentation behördlich organisiert ist. Die frühen Formen des kontrollierten Englisch als Vorläufer des Simplified English (SE) entstanden durch Einzelpersonen oder kleine Arbeitsgruppen, die aktuellen Formen werden häufig entwickelt und gepflegt durch firmenübergreifende Komitees mit Repräsentanten aus Regierungen und Industrie (z. B. S1000D).

2.1 Caterpillar Fundamental English (CFE)

Als namhafter Vertreter folgte dem BASIC English zunächst das Caterpillar Fundamental English (CFE). Die Caterpillar Tractor Company führte Anfang der 70er-Jahre dieses kontrollierte Englisch für ihre technische Dokumentation ein. Der Konzern hatte sich aus wirtschaftlichen Gründen zu diesem Schritt entschlossen: Umfangreiche Dokumentation musste in kurzen Produktzyklen in über 50 Zielländer ausgeliefert werden. Um das Übersetzungsproblem zu lösen, das Dokumentenmanagement zu entlasten und die Fehlbedienungen und somit den notwendigen After Sales Service zu verringern, wurden die technischen Texte (Montage, Wartung) in Kontrollierter Sprache verfasst und das Servicepersonal in den Zielländern in Schulungen auf das kontrollierte Englisch vorbereitet. Dadurch konnten vor Ort die Originaltexte eingesetzt werden. Das Konzept war erfolgreich und die Texte fanden nicht nur bei fremdsprachigen, auch bei muttersprachigen Lesern Akzeptanz.

2.2 AECMA Simplified English

Die nachfolgenden Varianten von kontrolliertem Englisch knüpften an diesen Erfolg an und bildeten firmen- und marktsegmentspezifische Varianten. Wichtiger Meilenstein dieser Entwicklung ist das Simplified English von AECMA. Die AECMA (Association Européenne des Constructeurs de Matériel Aérospatial später The European Association of Aerospace Industries) ist eine Interessenorganisation der europäischen Luftfahrtindustrie. AECMA ist heute vielfach ein Synonym für die von dieser Organisation entwickelte Spezifikation AECMA S1000D. Diese Spezifikation beschreibt Regeln zur Erstellung technischer Dokumente unter Verwendung einer Common Source Data Base (CSDB). Ziel ist, für multinationale Rüstungsprojekte einen einheitlichen Dokumentationsstandard zu schaffen, der eine modulare und an verschiedene Autoren und Standorte verteilbare Erstellung der Dokumentation erlaubt. S1000D gewinnt über Europa hinaus weltweit an Bedeutung: Seit 2003 werden die Spezifikationen gemeinsam mit der AIA (Aerospace Industries of America) herausgegeben. Heute wird S1000D von der Technical Publications Specification Maintenance Group (TPSMG) gepflegt. Die Spezifikation ist – wie die meisten Schwesterversionen anderer Industriesegmente – ein "Living Document", in das Verbesserungs- und Ergänzungsvorschläge eingehen.

Die Standards werden neben den entsprechenden Behörden in Europa und den USA zunehmend auch von den Zulieferfirmen der Verteidigungs-, Luft-

und Raumfahrtbranche eingesetzt, was zur Multiplikation des Konzepts führt. Auch kleinere Hersteller und Zulieferer sowie Verlagshäuser adaptieren, je nach Anforderung ihrer Kunden, die Standards. Diese Multiplikation des Konzepts generiert zudem eine inhaltliche Nische im Dienstleitungs- und Ausbildungsbereich.

In jüngerer Zeit verkürzen sich die Revisionszyklen der benutzten und gepflegten Versionen, so dass die folgende Tabelle nur Momentaufnahmen der Entwicklung von Ogden bis 2007 darstellt:

Jahr	Quelle/n	Name	Einsatzgebiet
1932	K. C. Ogden	BASIC English (British, American, Scientific, International, Commercial)	vorwiegend Wirtschaft
1972	Caterpillar	Caterpillar Fundamental English (CFE)	Erdbewegungsmaschinen, deren Montage, Service etc.
	E. N. White	International Language for Service and Maintenance (ILSAM)	Service, Wartung
	Eastman/Kodak, Digital, Xerox, Ericsson, IBM, Hyster, Scania	Controlled English (CE)	produktspezifische kontrollierte Fachsprachen
1979	MCDonnel Douglas	Technical Dictionary	Technik
1986	AECMA	Simplified English (SE) Erstausgabe des AECMA Dokuments PSC-85-16598	Luft- & Raumfahrt
	Regierungen und Industrie mit Repräsentanten aus z. B. Frankreich, Deutschland, Italien, Spanien	S1000D	Militärische Dokumentation, Fluggeräte, Landfahrzeuge, Panzer, Seefahrzeuge, Fregatten; Zivile Anwendung: Südafrikanische Eisenbahn, Lloyd's Schiffsregister
1987	ATA	Festlegung des AECMA Simplified English als obligatorische Richtlinie in Specification 100, Revision 26	

Jahr	Quelle/n	Name	Einsatzgebiet
1990	Caterpillar	Caterpillar Technical English (CTE)	Technik (MÜ)
1995	AECMA	1. Revision des SE Guides (Issue 1)	Luft- & Raumfahrt
2001		2. Revision des SE Guides	
2002	Tedopres	SE	Technik
2003	AIA und AECMA	gemeinsame Herausgabe der Spezifikationen	Luft- & Raumfahrt
2004		Komplette Überarbeitung von Issue 1 und Release von Issue 2 des SE Guides	
2004	AeroSpace and Defence Industries Association of Europe (ASD)	AECMA vereinigt sich mit EDIG und EUROSPACE	Luft- & Raumfahrt
2005	ASD	ASD-STE100 Issue 3	Luft- & Raumfahrt
2007	ASD	ASD-STE100 Issue 4 (in Arbeit)	Luft- & Raumfahrt

Entwicklungsschritte von kontrolliertem Englisch 1932-2007 (vgl. Graaf 2002)

3 Ansätze einer Kontrollierten Sprache für Deutsch

Immer wieder stellt sich die Frage, ob und wie man das Deutsche kontrolliert und wie die Erfolge des kontrollierten Englisch für das Deutsche adaptiert werden können. Für das Deutsche kann es in der Sprachkontrolle jedoch aus vielen Gründen nicht die gleiche Erfolgsgeschichte geben. Trotz der beschriebenen Gründe entwickelten sich Ansätze, die unterschiedliche Ansprüche verfolgen.

3.1 Braucht die Welt „kontrolliertes Deutsch"?

In ihrer Funktion als Zweit- oder Amtssprache – nicht als Muttersprache! – rangiert (nach neueren Zahlen eher konservativ geschätzt) Deutsch mit 100 Mio. Sprechern auf Platz 12 (Crystal, 1995:287), Englisch mit 1400 Mio. hingegen auf Platz 1. In Funktion der Amtsprache erreicht Englisch somit eine größere Sprachgemeinschaft als Chinesisch (1000 Mio. Muttersprachler), findet in einer durch Sprachkontrolle zusätzlich vereinfachten Form somit eine große, mitunter zwar nur rezeptiv kompetente Sprachgemeinschaft. Als derart mächtiger Vertreter verdrängt das kontrollierte Englisch global ausgelegte, einzelsprachige Bemühungen z. B. um ein kontrolliertes Französisch, Dänisch oder Deutsch. Zudem aus entwicklungsgeschichtlicher Sicht: In den Zentren der Technologieentwicklung, den daraus entstehenden internen und externen Kommunikationssituationen und nicht zuletzt in deren Ausbildungsstätten dominiert die Englisch sprechende Welt.

3.2 Ist Deutsch derart kontrollierbar wie Englisch?

Nicht nur die weltpolitische Präsenz des Englischen als Amtssprache, auch dessen Systematisierbarkeit ist ein Grund für die Bedeutung des kontrollierten Englisch und das Fehlen eines derart harten Standards für das Deutsche oder für andere Weltsprachen. Das Englische besitzt wenig Flexionsendungen, die Grundlage der Grammatik sind Veränderungen der Wortstellung. Das Deutsche flektiert umfangreicher, der Satzbau ist verwickelter (Satzklammern durch z. B. separate Präfixe, Verneinungen), sowohl Grammatik als auch Wortbildung erschweren eine dem Englischen vergleichbare Vereinfachung.

3.3 Der Status quo und die Psychologie der Sprachkontrolle

Einen vergleichbaren Standard für das Deutsche gibt es aus vorgenannten Gründen nicht, wohl aber einige mehr oder weniger erfolgreiche Versuche, ein kontrolliertes Deutsch zu etablieren:

- Ende der 90er sollte für die Firma Siemens das Kontrollierte Siemens-Dokumentations-Deutsch (SDD) die maschinelle Übersetzung erleichtern (vgl. Lehrndorfer/Schachtl 1998)
- 2005 versuchte eine Arbeitsgruppe um die Firma Tedopres Documentation in Anlehnung an das ASD Simplified Technical English einen branchenübergreifenden Standard für das Deutsche zu entwickeln, das Strukturierte Technische Deutsch (zuvor Simplified German), der aber bislang seinen angestrebten Status nicht erreicht hat.

Die Hintergründe dafür, dass sich diese Ansätze nicht im erwarteten Maße durchgesetzt haben, können vielfältig sein. So zum Beispiel – und dies ist ein Argument, dem sich kontrolliertes Englisch nicht stellen muss – kann der Ansatz zu komplex, zu „unhandbar“ für die Anwender[1] sein. Das SDD z. B. ist sehr permissiv angelegt, so dass dem Anwender eine Vielzahl von Regeln präsent sein müssen, um den Standard effektiv einsetzen zu können.

---

[1] Mit Anwender sollen die Technische Autoren, nicht die Leser gemeint sein.

Oder es stehen keine alltagstauglichen Softwareprüfprogramme zur Verfügung, die den Ansatz während der Texterstellung unterstützen. Auf der anderen Seite werden Standardisierungsversuche im Deutschen – dieses Argument folgt der Diskussion im kontrollierten Englisch – oftmals als zu unflexibel, monolithisch und streng beurteilt. Ein auch in der Diskussion um das Simplified English mit Empathie ins Feld gebrachtes Argument ist, dass die Anwender generell einen Eingriff in ihre „sprachliche Freiheit" ablehnen und sich deshalb einer Normierung widersetzen – man denke an die deutschlandweite Diskussion um die Rechtschreibreform, um nachzuvollziehen, wie mangelnde Akzeptanz bei den Anwendern den Erfolg eines Konzepts schwächen kann.

3.4 Pro und Contra präskriptiven vs. proskriptiven Ansatz

Aus den Erfahrungen mit kontrolliertem Englisch und kontrolliertem Deutsch und der Analyse der Argumente entstand als Gegenstück zu den stark reglementierenden, präskriptiven Ansätzen wie dem des ASD-Standards ein etwas weniger restriktiver, mehr flexibler und skalierbarer proskriptiver Ansatz für das Deutsche.

Das wesentliche Merkmal eines präskriptiven Ansatzes ist, dass alle erlaubten Wörter und grammatische Strukturen vorgegeben und modelliert sind. Alle sprachlichen Entitäten, die nicht durch diese Muster abgedeckt sind, werden als „falsch" bzw. als „gegen die Norm verstoßend" betrachtet und müssen vom Anwender reformuliert oder paraphrasiert werden.

Die Vorteile des präskriptiven Ansatzes liegen in einem sehr hohen Grad an erreichter sprachlicher Konsistenz und zeichnen somit diesen Ansatz als sehr effizient bezüglich seiner Zielsetzung aus. Die Nachteile sind, dass diese Effizienz nur durch einen hohen Schulungs- und Lernaufwand erreichbar ist. Da im präskriptiven Ansatz ein Softwareprüfprogramm nach den wenigen zugelassenen, nicht nach den zahlreichen verbotenen Strukturen sucht, müssen die Anwender zudem geschult werden, aufgrund von unspezifischen Fehlermeldungen des Softwareprüfprogramms die angemahnten Formulierungen zu diagnostizieren und initiativ zu verbessern. Die Verstöße gegen eine relativ kleine Menge an Vorgaben sind demnach viel unspezifischer und überdecken sich mitunter.

Im Gegensatz dazu sind beim proskriptiven Ansatz diejenigen Wörter und Formulierungsmuster aufgelistet, die bei der Texterstellung nicht benutzt werden sollen. Dies bedeutet, dass alle sprachlichen Realisierungen, die nicht explizit als zu vermeidend benannt sind, erlaubt sind und – weil kognitionspsychologisch begründbar – dem Anwender auch ausreichend vermittelbar sind.

Der daraus entstehende Vorteil ist, dass somit bei diesem Ansatz die Komplementärmenge „erlaubter" Wörter und Strukturen sehr viel größer ist als beim präskriptiven Ansatz. Dies räumt den Anwendern größere Formulierungsfreiheit und ein höheres Maß an Selbstbestimmbarkeit ein.

Die Komplementarität des präskriptiven und des proskriptiven Ansatzes zeigt sich darin, dass die Schwächen des einen Ansatzes die Stärken des anderen Ansatzes ausmachen: Die Vorteile des proskriptiven Ansatzes sind die größeren Freiräume der Anwender und die spezifischeren Fehlermeldungen bei Einsatz eines Softwareprüfprogramms. Beide Faktoren führen zu einer größeren Akzeptanz bei den Benutzern. Diesem positiven psychologische Effekt der geringeren Gängelung steht der Nachteil der größeren Textvarianz und somit ein weniger effizienter Einsatz der Sprachkontrolle gegenüber. Je mehr reglementierende Vorgaben gemacht werden, desto mehr schränkt sich die Menge der verbleibenden Möglichkeiten ein.

Für welchen der beiden Ansätze man sich entscheidet: Die Gewichtung muss so ausbalanciert werden, dass das anvisierte Ziel des Einsatzes einer Kontrollierten Sprache für alle Beteiligten mit vertretbarem Aufwand realisiert werden kann.

4 Gelingensbedingungen des Konzepts

Wie bei allen Standards und Normen – auch bei anderen Standardisierungsmethoden auf sprachlicher Ebene – ist das Regelwerk immer nur so brauchbar und erfolgreich wie dessen Akzeptanz unter den Anwendern. Ist diese und eine bestimmte inhaltlich-organisatorische Struktur gegeben, erwirtschaftet Kontrollierte Sprache viele Vorteile.

4.1 Inhaltlich-organisatorische Bedingungen

Vergegenwärtigt man sich die wirtschaftliche, inhaltliche und organisatorische Situation, in der das kontrollierte Englisch entstand und funktioniert, so zeigen sich folgende Rahmenbedingungen als fruchtbar – sowohl in seiner präskriptiven, als auch in seiner proskriptiven Ausprägung:

- zunehmende Komplexität der technischen Inhalte und Produkte mit zunehmendem Dokumentationsumfang und steigendem Verwaltungsaufwand (Versionen und Sprachen)
- kurze Produktlebenszyklen und hohes Änderungsaufkommen (Versionen)
- zahlreiches und sowohl räumlich als auch zeitlich dispers arbeitendes Personal in großen Dokumentationsabteilungen
- nicht in der Muttersprache zu erstellende Dokumentation

- im Rahmen der Globalisierung zunehmende Zahl nicht muttersprachlicher Kunden und Zuliefererkooperationen
- erkannte interkulturelle Hürden (z. B. mit Asien)
- Auflagen zu Kostenreduktion bei umfangreichen Dokumentationen (Dokumenten- und Übersetzungsmanagement, Wartungskosten der technischen Dokumentation)
- enge, über die üblichen Normen und Richtlinien[2] hinausreichende Bestrebungen der Vereinheitlichung.

Zusammenfassend formuliert: Besonders international, kommunikationsintensiv agierende und hochtechnisierte Industriezweige und Weltkonzerne, häufig mit klaren Hierarchiestrukturen, bieten die Voraussetzungen für einen erfolgreichen Einsatz der präskriptiven Sprachkontrolle. Proskriptive Ansätze bieten sich eher für nicht-englische Schwesterversionen. Beiden Ansätzen gemeinsam erschließen sich folgende Vorteile aus dem Konzept Kontrollierte Sprache.

4.2 Schnittstellen zu anderen Normen

Auch in anderen Standards und Normen gewinnt der Aspekt der sprachlichen Qualität, die ebenfalls durch die Definition von Standards sichergestellt werden soll, zunehmend an Bedeutung.

In der Norm zu Übersetzungsdienstleistungen DIN EN 15038 von August 2006 wird erstmals innerhalb einer Norm im Bereich des Übersetzens vorgeschrieben, dass auch so genannte Stilrichtlinien bei der Übersetzung einzuhalten sind. Wenn sich diese reglementierenden Vorgaben, die durchaus auch als eine Ausprägung von Kontrollierter Sprache zu betrachten sind, nicht vom Ausgangstext ableiten lassen bzw. nicht vom Auftraggeber bereitgestellt werden, „... muss der Übersetzungsdienstleister eigene oder andere geeignete Stilrichtlinien benutzen, ...“ (vgl. 5.3.3.3 Stilrichtlinien DIN EN 15038). Auch der Korrektor der Übersetzung, der nach dem Vier-Augen-Prinzip die Übersetzung prüft, muss die vorgegebenen Stilrichtlinien als ein Überprüfungskriterium bei seiner Korrektoratsarbeit mit berücksichtigen.

Es existiert nunmehr also auch der Ansatz, eine Kontrollierte Sprache auf übersetzte Texte anzuwenden („Controlled Translation“), wo sie jedoch das gleiche Ziel der Standardisierung und Normierung sowie der besseren Verständlichkeit verfolgt, wie in ihrer ursprünglichen Intention für den Ausgangstext.

---

2 z. B. EG-Maschinenrichtline, ISO 9000ff., ANSI Z.535

Ein gewichtiger Vorteil des Konzepts ist, dass Kontrollierte Sprache nicht proprietär ist, also in keiner Form urheberrechtlich geschützt, sondern frei zugänglich, wandelbar und nutzbar ist. Dadurch entsteht keine künstliche Abgrenzung zu anderen Methoden, das Konzept ist flexibel einbettbar in Applikationen anderer Standards, z. B. in XML oder in DITA. Nachteil dieser Proprietät: die Bezeichnung wird mitunter irreführend eingesetzt.

5 Praxis von Kontrollierter Sprache

Unbenommen sind auch ohne Kontrollierte Sprache gewissenhaft erstellte Texte gut handhabbar. Die Erfahrungen mit kontrolliertem Englisch und kontrolliertem Deutsch zeigen, dass bestimmte Einsatzbereiche besonders Wert schöpfen vom Konzept der Sprachkontrolle, andere wiederum einem Erfolg entgegenstehen:

5.1 Vorteile des Konzepts

Für folgende Einsatzziele zeigt das Konzept durch seine Vorteile Erfolg:

Verwaltung von Informationen

Durch Kontrollierte Sprache in datenbankgestützten Publikationen erhalten Dokumente ein Standardformat, das:

- die Generierung von Untermengen von Informationen erlaubt, um spezifischen (Kunden-) Anforderungen zu genügen,
- den Transfer von Informationen und elektronischem Output zwischen unterschiedlichen IT-Systemen erlaubt,
- eine neutrale Lieferung und Verwaltung von Daten erlaubt.

Kompatibilität von Informationen

Durch Kontrollierte Sprache können Daten einer Quelle in verschiedenen Projekten und Projektphasen eingesetzt werden und – vice versa – Daten verschiedener Quellen für ein Projekt benutzt werden; Inhalte können in verschiedenen Publikations- oder Ausgabeformaten ausgegeben werden (z. B. als elektronische Aufbereitung, auf Papier, in einem PocketPC, als eLearning-Einheit).

Qualität von (mehrsprachigen) Informationen

Durch Kontrollierte Sprache steigt die Verständlichkeit und Akzeptanz der Texte. Terminologie- und Stilebene sind durch Vorgaben vereinheitlicht, was auf zahlreiche Qualitätsebenen frühzeitig Einfluss hat. So verlaufen z. B. Lektorat und (maschinelle) Übersetzung der Dokumente rascher und somit billiger, die Übersetzungen sind von höherer Qualität, Updates von

Handbüchern sind erleichtert. Durch die normierende Wirkung bei der Quelltexterstellung etabliert sich auch in der Zielsprache eine Corporate Language. Durch standardisierte Formulierungen bestimmter Textelemente können beim Einsatz von Translation-Memory-Systemen erhebliche Einsparungen durch erhöhte Trefferquoten erzielt werden.

Steuerung von Texterstellungsprozess und Workflow

Bei Anwendern, die regelmäßig zur Prüfung ihrer Dokumente eine Prüfsoftware einsetzen, kann – nach deren eigenen Angaben – ein spürbarer Lerneffekt verzeichnet werden, der neben der Sensibilisierung für sprachliche Sachverhalte auch eine effizientere Texterstellung und -bearbeitung mit sich bringt. Weiteres „weiches“ Argument der Anwender ist, dass Einmischung durch Vorgesetzte usw. mit laienhaften Voraussetzungen in das sprachliche Geschehen durch Sprachstandards nicht mehr möglich ist.

Die Wiederauffindbarkeit von Informationen spielt bei immer stärker ansteigenden Informationsmengen eine immer wichtigere Rolle. Eine vereinheitlichte Terminologie und deren korrekte sowie konsistente Verwendung erhöht um ein Vielfaches die Effizienz von unterschiedlichen Kommunikations- und Produktionsprozessen im Gesamtworkflow.

Wirtschaftlichkeit

Aus den beschriebenen qualitativen Folgen der Sprachkontrolle ergeben sich in abteilungsübergreifender Weise Kosteneinsparungen.

Unternehmen, die CLAT[3] als Sprachprüfsoftware einsetzen, nennen folgende Einsparungen innerhalb der ersten zwei Jahre nach Technologieeinführung:

- ca. 30% Reduktion der Lektoratskosten
- ca. 15 % Reduktion der Übersetzungskosten
- ca, 5% Reduktion der Kosten für Reparatur- und Serviceeinsätze

(IAI White Paper „CLAT – Qualitätssicherung mit moderner Sprachtechnologie, 2006:9)

Beispiel 4: Geschätzte Einsparung durch den Einsatz einer Kontrollierten Sprache

[3] CLAT: Controlled Language Authoring Technology, eine Sprachprüfsoftware mit einer Komponente zu Kontrollierter Sprache

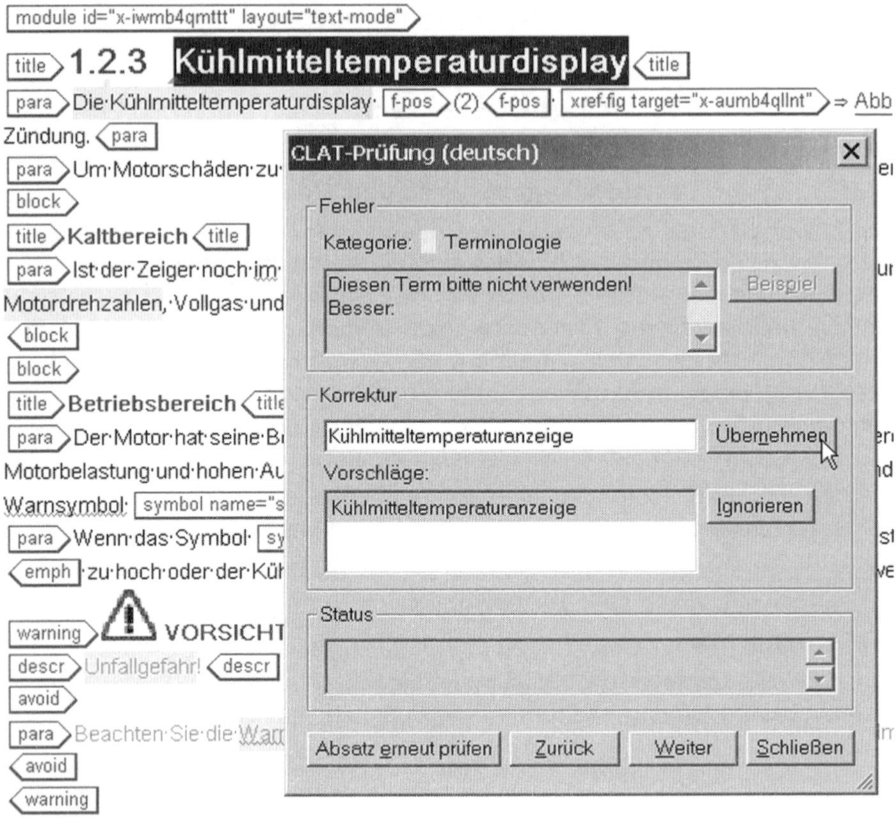

Beispiel 5: CLAT Screenshot: Ergebnis der Terminologiekontrolle

5.2 Nachteile des Konzepts

Sind die oben beschriebenen Gelingensbedingungen nicht gegeben, nimmt das Konzept Schaden. Als Nachteile werden folgende häufig emotional getrieben aber ernst zu nehmenden Argumente der Anwender angebracht, die hier unkommentiert aufgeführt sein sollen.

Qualität der Arbeitsbedingung

Die Diktion, in Kontrollierter Sprache zu schreiben, produziert vor allem in der Anfangszeit eine antiproduktive Schreibsituation, was zu Motivationsverlusten führt.

Qualität der Texte

Die in Kontrollierter Sprache verfassten Texte haben – vor allem unter dem präskriptiven Ansatz – eine, den tradierten Vorstellungen von Textqualität komplementäre Form: sie sind langweilig, eintönig, mitunter unfreundlich und widerstreben dem ästhetischen Grundempfinden. Sprache wird instrumentalisiert.

Sprachpsychologisch begründete Auswirkungen auf Individuum und Sprachniveau

Im geisteswissenschaftlich diskutierten Zusammenhang von Denken und Sprache wirkt sich langfristig sowohl beim Leser, mehr noch beim Anwender, der Einsatz reduzierter Sprache auf Abstraktionskompetenz und sprachliches „Freizeitverhalten“ aus. Mit einer proklamierten Reduktion von Lexikon und Syntax nimmt die Quellsprache innerhalb von und über Sprachgrenzen hinweg Schaden.

Unattraktives Berufsbild

Durch das Konzept der Sprachkontrolle und die damit verbundene Aufnahme der Kompetenz in den Ausbildungskanon Technischer Redakteure ist das Berufsziel Technischer Redakteur für eine bestimmte Zielgruppe unattraktiv.

6 Zwei Säulen einer Kontrollierten Sprache: Terminologie & Stil

6.1 Terminologiearbeit und Kontrollierte Sprache

Durch die Umsetzung des Konzepts kann durchgängig eine korrekte, eindeutige Verwendung der (Firmen-)Terminologie sichergestellt werden.

Die Terminologie spielt als Bestandteil einer Kontrollierten Sprache eine zentrale Rolle bei Einführung und Einsatz. Oftmals erweisen sich die beteiligten Personen sowie die Entscheider sensibler für das Thema „Standardisierung der Terminologie“ als für das weiter greifende Thema „Sprachliche Standardisierung“, wobei die terminologische Standardisierung bzw. Normierung nur eine Untermenge der sprachlichen Standardisierung darstellt und somit den gleichen Regeln und Prinzipien gehorcht und mit den gleichen Verfahren ausgearbeitet werden kann. Die Terminologiearbeit klärt:

- Allgemeine Grundsätze wie Rechtschreibung, Abkürzungen, Akronyme, Bindestrichschreibweise, Bedeutungs-Begriff-Bezüge und Synonymie (statt Tür Beifahrerseite, rechte Vordertür, Tür vorne rechts nur Beifahrertür verwenden),
- Regeln zur Schreibweise (z. B. ph/f, Trennung, Bindestriche)
- Regeln zur Benennungsbildung (Form vor Funktion: z. B. Schirmsprinkler statt Sprengsprinkler; Material vor Form: Unterlegblech

statt Unterlegplatte; Lokalität vor Funktion: Zwischenstück statt Füllstück) und

- Regeln zur Differenzierungstiefe (Faltboot, Reserveboot mit Faltmechanik, Reservefaltboot, Reserveboot).

Die Terminologiearbeit wirkt auf Regeln in Syntax und Stil, z. B. in der Handhabung separater Präfixe (öffnen statt aufmachen: „Öffnen Sie die Beifahrertür" – „Machen Sie die Beifahrertür auf.") oder der Kompositabildung als Faktor z. B. der Genitivrekursion („Druckluftregelschalter" – „Schalter zum Regeln der Druckluft").

Wenn sich nun terminologische Varianz mit syntaktischen Realisierungsvariationen kombiniert, erreicht man sehr schnell eine Vervielfachung der sprachlichen Realisierungsmöglichkeiten, die – einer kontrollierten Variante gegenübergestellt – das Einsparpotenzial einer Kontrollierten Sprache veranschaulicht. In Beispiel 5 birgt die erstgenannte, standardisierte Version, bestehend aus zwei Wörtern, bei der Übersetzung mittels Translation Memory ein Einsparpotenzial von ca. 80%. Wird in mehrere Sprachen übersetzt, bleibt der prozentuale Anteil der Einsparungen gleich, jedoch die absoluten Zahlen steigen um den Faktor „Anzahl der Sprachen, in die übersetzt wird".

- Reifeninnendruck messen.
- Messen Sie den Reifen-Innendruck.
- Innendruck des Reifens messen.
- Innendruck messen.
- Messung des Reifeninnendrucks.
- Messung Reifeninnendruck.

Beispiel 6: Terminologische Varianz in Kombination mit syntaktischer Varianz

6.2 Stil und Kontrollierte Sprache

Die zweite Säule, auf die sich eine Kontrollierte Sprache neben der Terminologie stützt, ist die Komponente, mithilfe derer die syntaktischen und stilistischen Vorgaben festgelegt werden:

Die Bezeichnung „Stil" stammt aus dem Allgemeinwortschatz und ist daher aus Sicht des technischen Schreibens mehrdeutig belegt. Unter ihr firmieren die Bezeichnungen Schreibregeln (Writing Rules), grammatische Regeln, Stilregeln. Stilregeln finden sich in Redaktionsleitfäden, Style Guides oder Schreibrichtlinien, Schulungsunterlagen oder Lehrbüchern, verbreiteten Textverarbeitungssystemen und vielen anderen mehr.

Die Rolle von Stilregeln

Durch die Einhaltung von Stilregeln im Alltagsgebrauch soll sprachliche Korrektheit, Ästhetik und – in komplexeren Fällen – Situationsangemessenheit produziert werden. Durch die Einhaltung von Stilregeln in der Kontrollierten Sprache sollen die angestrebten Ziele der Standardisierung erreicht werden: Verständlichkeit und Übersetzbarkeit. Verständlichkeit umfasst die Kriterien der Eindeutigkeit, der Konsistenz, der Lesbarkeit, der logischen Ordnung und der Zielgruppenangemessenheit (vgl. Oehmig 2006). Zu einem großen Anteil korrelieren diese Kriterien mit denen guter Übersetzbarkeit, wobei zudem übersetzungsprozess-spezifische Aspekte hinzukommen können (vgl. Reuther 2003).

Bereiche von Stilregeln

Zur Definition von Stilregeln für einen präskriptiven Ansatz des Deutschen wurden z. B. am IAI für die Stilprüfungskomponente von CLAT zu vorgenannten Verständlichkeitskriterien Regeln gesammelt, ausgearbeitet, klassifiziert, empirisch auf ihre Praxisrelevanz untersucht und erprobt. Hierbei entstanden sieben Grobklassen, die sich weiter hierarchisch untergliedern und die eine umfassende Abdeckung der syntaktisch modellierbaren Vorgaben darstellen. Im Einzelnen sind dies:

Typografische Regeln

Dies sind Regeln, die auf darstellungsorientierte Phänomene abzielen, wie z. B. Listendarstellung vs. Fließtext, Bindestrich-Gliederung von Komposita, Darstellung von Hinweisen etc.

Regeln zur Vermeidung von ambigen Strukturen

Diese Regeln modellieren syntaktische Mehrdeutigkeiten aufgrund von mehrdeutigen Pronomina, von Genitivkonstruktionen oder von Ortsangaben.

Lexikalische Regel

Diese Regeln beziehen sich auf den allgemeinen Wortschatz und nicht auf die Terminologie: Sie behandeln Einzelworte, Mehrwortausdrücke, Phrasen oder Wortkombinationen in bestimmten Konstellationen.

Regeln zur Vermeidung von elliptischen Konstruktionen

Diese Regeln modellieren grammatische Strukturen mit fehlenden Satz- oder Phrasenkonstituenten.

Regeln zur Vermeidung von komplexen Strukturen

Diese Regeln fassen verschiedene grammatische Phänomene in Klassen zusammen, wie z. B. komplexe Nominalphrasen, Koordinationen, Einschübe, Satzklammern (Vorfeld, Mittelfeld, Nachfeld), Korrelate, mehrfache Einbettungen, komplexe Zeiten etc.

Regeln zur Wortstellung und Abfolge von Satzelementen

Diese Regeln modellieren zeitliche und logische Handlungsabfolgen.

Stilistische Regeln

Diese Regeln modellieren Phänomene wie Aktiv vs. Passiv, Verneinung, direkte vs. indirekte Leseransprache etc.

Vorgenannte Stilregeln sind anwenderorientiert individualisierbar:

Zu den anwendungsabhängigen optionalen Regeln gehören z. B. Vorgaben, wie der Leser angesprochen werden soll: Hier kann die Dokumentart oder das Textelement entscheiden, ob eine indirekte, über den Infinitiv realisierte Anrede oder eine direkte Anrede mit dem Pronomen „Sie“ das Mittel der Wahl ist. Bei der Zusammenstellung eines anwendungsspezifischen Regelwerks ist zu beachten, dass sich gegenseitig ausschließende Regeln (indirekte vs. direkte Anrede) oder aber sich gegenseitig bedingende Regeln entsprechend berücksichtigt werden. Zu einem Regelwerk, bestehend aus Basisregeln und optionalen Regeln, können natürlich jederzeit beliebig viele firmen- oder benutzerspezifischen Regeln hinzukommen, die das zuvor definierte Set um Corporate-Wording-Aspekte (Förster 2008) ergänzen.

Redundanzen von Stilregeln

Je nachdem, ob alle Regeln zur Anwendung kommen sollen oder nur ein Teil der zur Verfügung stehenden Regeln, kann es zu Überschneidungen von Regeln kommen, die vor allem bei einer automatischen Prüfung zum Tragen kommen. Diese vermeintliche Redundanz ist durchaus von den Anwendern gewünscht. Zum einen um auch dann Verstöße gegen Regeln zu erkennen, wenn nur eine von mehreren möglichen Regeln als Prüfkriterium gewählt wurde, zum anderen um durch Mehrfachhinweise nach dem „Steter-Tropfen-höhlt-den-Stein“-Prinzip einen besseren Lerneffekt bei den Anwendern zu erreichen. So kann es vorkommen, dass der Anwender zum Thema „Satzkomplexität“ darauf hingewiesen wird, dass der Satz:

- zu lang ist,
- zu viele Bedeutungseinheiten enthält,
- das Verb zu weit hinten steht und
- die Aufzählung besser als Liste dargestellt werden soll.

Laut Aussagen von Anwendern nimmt diese Häufung von Fehlern innerhalb eines Bereichs mit fortlaufender Benutzung schnell ab, da die Anwender aufgrund der hohen Frequenz ähnlicher oder verwandter Fehler ihren Schreibstil rasch den relevanten Vorgaben anpassen können. Zudem wird durch die Korrektur eines Fehlers oftmals automatisch ein oder mehrere andere Fehler als Seiteneffekt mitbehoben.

7 Unterstützende Tools – Sprachprüfwerkzeuge

Über die bisher beschriebenen Softwareprüfprogramme zu Terminologie und Stil prüfen Tools auch weitere sprachlich relevante Funktionen, weil sprachliche Qualität sich nicht nur durch terminologische und stilistische Merkmale auszeichnet, sondern auch durch sprachliche Korrektheit im Sinne der Grammatik und Orthografie der deutschen Sprache.

7.1 Mehr als Controlled-Language-Checker

Neben reinen Controlled-Language-Checkern wie z. B. dem für den A380 bereitgestellten Tool BSEC (Boeing Simplified English Checker) gibt es auch Checker-Software, die andere qualitätsrelevante Sprachkriterien wie etwa sprachliche Korrektheit überprüfen. So bietet z. B. die Prüfsoftware CLAT zudem eine Rechtschreib- und Grammatikprüfung an, die aufgrund ihrer Ausgereiftheit von den Benutzern gerne der für ihre jeweiligen Editoren mitgelieferten Rechtschreibprüfung vorgezogen wird, nicht zuletzt aufgrund der durchgängig konsistenten Prüfung gemäß (wahlweise) progressiver oder konservativer neuer deutscher Rechtschreibung.

Bei präskriptiv motivierter Prüfsoftware werden „normale Tippfehler" wie Zeichenverdreher als Wörter identifiziert, die nicht in der Liste der erlaubten Wörter steht und somit prinzipiell angemahnt. Zudem sind in den Schreibregeln auch grammatische Korrektheitsregeln enthalten, wie z. B. Subjekt-Verb-Kongruenz, die eigentlich nicht der Kontrollierten Sprache zugeordnet, sondern Bestandteil der Grammatik der jeweiligen Quellsprache sind.

Bei den weniger strengen proskriptiven Ansätzen schleichen sich deshalb eher typische Rechtschreib- und Grammatikfehlern (häufig durch „Cut-and-Paste"-Aktionen entstanden) ein als bei präskriptiven Ansätzen, da die erstgenannten Ansätze nicht mit vorgegebenen Wortlisten arbeiten. Verstöße gegen die Schreibrichtlinien der Terminologie werden zwar identifiziert, jedoch nur solange die „falschen" Wörter orthografisch korrekt geschrieben sind oder explizit als nicht zu verwendende Benennungen annotiert sind. Es ist daher nur logisch und auch sinnvoll, einen Controlled-Language-Checker, der auf einem proskriptiven Ansatz basiert, mit weiteren Sprachprüfoptionen auszustatten, um das ganze Spektrum möglicher sprachlicher Fehler in den Griff zu bekommen.

7.2 Aufgaben und Grenzen der Software

„A language checker is a software application that helps authors comply with a controlled-language specification." (Boeing)

Ein Sprachprüfprogramm soll den Anwender bei der schwierigen Aufgabe unterstützen, Dokumente gemäß bestimmter sprachlicher Vorgaben zu erstellen. Sie kann ihn jedoch nicht davon entbinden, eigenverantwortlich für die technischen Inhalte und ihre Vermittlung einzutreten. Die Software nimmt keine automatischen Verbesserungen oder Ersetzungen vor, da nur der Mensch letztendlich über die adäquate Darstellung entscheiden kann.

Die Prüfsoftware ersetzt im Prinzip das Handbuch, in dem der Autor beständig überprüfen müsste, ob sein Text den darin vorgegebenen Regeln entspricht. Bereits im Handbuch galt: Je umfangreicher ein Regelinventar ist, umso schwieriger ist es, alle Regeln im Kopf und auf Abruf parat zu haben. Wenn der Anwender durch Prüfsoftware unterstützt wird, sind die Schreibregeln als Hinterlegung parat, der Anwender kann sich auf die Darstellung der Sachverhalte konzentrieren. Entweder direkt während der Erstellung des Texts oder auch in einem nachgelagerten zweiten Arbeitsgang kann er sich der sprachlichen Realisierung widmen. Durch das permanente, sich immer gleich verhaltende Feedback der Prüfsoftware an den Anwender wird die Texterstellung zu einem nachhaltigen „Training on the job", das weitere Schulungen zu spezifischen Schreibrichtlinien weitgehend überflüssig macht.

Aufgrund des konsistenten Verhaltens der Prüfsoftware berichten viele der Anwender von CLAT über eine langfristig nachweislich verbesserte Schreibkompetenz, über eine „gefühlte" Steigerung der Sicherheit in sprachlichen Belangen sowie über weniger Rückfragen von Übersetzern und „Dokumentationskonsumenten".

Die Überprüfung der Regeleinhaltung mittels Softwarekomponenten hat jedoch klare Grenzen: Wenn der zu überprüfende Text sehr stark von den definierten Vorgaben abweicht, sei es im stilistischen Bereich oder aber auch fachgebiets- oder themenabhängig, im schlimmsten Fall sogar größere Defizite in der sprachlichen Korrektheit aufweist, kann auch eine gute Prüfsoftware nicht mehr die Ergebnisse liefern, die im Normalfall von ihr zu erwarten sind.

Trotz Software-Unterstützung, oder vielleicht gerade aus diesem Grund, ist es also wichtig, die Anwender bei der Einführung der Software in ihren sprachlichen Fähigkeiten zu schulen, damit sie ein Gefühl für die Grenzen der Sprachprüfsoftware entwickeln. Eine falsche Erwartungshaltung führt zu den bereits erläuterten Akzeptanzproblemen, was wiederum einen korrekten und effizienten Einsatz der Software in Frage stellt.

8 Zusammenfassung und Aussicht

Die Ansprüche der antiken Koiné, Sprachbarrieren zu überwinden und eine bessere Verwaltbarkeit der multilingualen Gesellschaft zu ermöglichen, hat sich in den modernen Varianten der Sprachkontrolle in eine bessere Verwaltbarkeit der multilingualen Inhalte spezifiziert. Dabei ist das Prinzip, durch Kontrollierte Sprache zu vereinheitlichen und Lokalisierungsprozesse zu umgehen, nach wie vor ein Hauptziel. Nebenziele sind, dass Übersetzungen vereinfacht sind, der in Fachsprachen unerwünschte Variantenreichtum auf Wortebene reduziert ist, die Sprache auf Satzebene vereinfacht ist, innere Strukturen (Aussagetypen) aufgedeckt sind und ein Corporate Wording dem Anwender in Zweifelsfällen Sicherheit gibt.

Was sich jedoch in einzelnen Varianten unterschiedlicher Sprachen geändert hat, ist die Strenge der Regelauslegung.

Die Vorzüge Kontrollierter Sprache zeigen sich nicht nur bei der Optimierung von Kommunikationsvorgängen. Das Erlernen der Regeln einer Kontrollierten Sprache hat vor allen Dingen den Nutzen, dass sie den Lernenden zwingt, diszipliniert mit den sprachlichen Elementen und ihren Inhalten umzugehen, z. B. auch in Vorbereitung der Einträge in Terminologiedatenbanken. Die partielle Nutzung von Regeln und Aspekten der Kontrollierten Sprache sind nicht nur in der Textproduktion, sondern in allen Stufen der technisch-wissenschaftlichen Informationsentwicklung von Bedeutung (z. B. auch für interne Unternehmenskommunikation).

Eine Kontrollierte Sprache bietet in ihrer proprietären Eigenschaft hervorragende Voraussetzungen, um sich mit einer Standardisierungsmethode, die die Strukturierung von Dokumenten zum Ziel hat, zu ergänzen. Auch andere Methoden, ob Funktionsdesign, Information Mapping oder DITA, zielen darauf ab, strukturierte, wiederverwendbare Informationen bzw. funktionale Textelemente und -bausteine zu definieren und gemäß bestimmter Vorgaben zu verknüpfen. Diese Textelemente liefern, wenn man so will, das Behältnis für die sprachlichen Inhalte, die an die einzelnen Elemente geknüpft sind. Wenn nun die sprachlichen Vorgaben einer Kontrollierten Sprache mit den Strukturvorgaben einer entsprechenden Methode gekoppelt und sinnvoll miteinander in Beziehung gesetzt werden, erreicht man im Sinne eines intelligenten Informationsdesigns eine weitere Stufe von Qualität, die Struktur und Inhalt von Dokumenten gemeinsam berücksichtigt (vgl. Reuther 2006).

Trotz ihrer normierenden Wirkung kann eine Kontrollierte Sprache, weder in der klassischen präskriptiven, noch in der neueren proskriptiven Ausprägung erreichen, dass der verfasste Text von jedem beliebigen Leser verstanden wird.

9 Glossar – Sprachregelung

Kürzel	Erläuterung
AECMA	Association Européenne de Constructeurs de Matériel Aérospacial (European Association of Aerospace Industries)
AIA	Aerospace Industries Association of America
ASD	AeroSpace and Defence Industries Association of Europe
ATA	Air Transport Association of America
BSEC	Boeing Simplified English Checker
CE, Controlled English	Produktspezifische Erweiterungen des Simplified English
CFE	Caterpillar Fundamental English
CLAT	Controlled Language Authoring Technology
CSDB	Common Source Data Base
CTE	Caterpillar Technical English
IAI	Institut für Angewandte Informationsforschung, Saarbrücken
ILSAM	International Language for Service and Maintenance
KS, Kontrollierte Sprache	In Lexik und Syntax eingeschränkte Untermenge einer natürlichen Sprache
MÜ	Maschinelle Übersetzung
SDD	Siemens-Dokumentations-Deutsch
SE, Simplified English	das von AECMA entwicklete kontrollierte English
Style Guide	Redaktionsleitfaden, Schreibrichtlinien, Dokumentationsvorgaben
Tools – Werkzeuge	Softwareprogramme
TPSMG	Technical Publications Specification Maintenance Group

10 Literatur – Links

Crystal, D. 1995: Die Cambridge Enzyklopädie der Sprache. Studienausgaben. Frankfurt am Main: Campus Verlag.

DIN EN 15038: Übersetzungs-Dienstleistungen – Dienstleistungsanforderungen. Deutsche Fassung EN 15038: 2006.

Drewer, Petra/ Horend, Sybille 2007: Die Kontrolle der Kontrolle. Sprachtechnologie und maschinelles Lektorat im Unternehmen. In: technische kommunikation 4, Jg. 29, S. 22-26.

Eco, Umberto 1993: Die Suche nach der vollkommenen Sprache. München: C.H. Beck.

Farrington, Gordon 1996: An Overview of the International Aerospace Maintenance Language. In: Proceedings of the First International Workshop on Controlled Language Applications – CLAW 96.

Förster, Hans-Peter 2008: Mehr Brillanz im Text. Die Suche nach der richtigen Unternehmenssprache. In: technische kommunikation 4, Jg. 30, S. 54ff.

Göpferich, Susanne 2007: Sprachstandard oder Kontrollmechanismus? Textqualität steuern mit Kontrollierter Sprache. In: technische kommunikation 4, Jg. 29, S. 16-21.

Graaf, Jolanda (ed.) 2002: The new language in International Business. Tillburg/ Netherlands.

IAI White Paper 2006: CLAT – Qualitätssicherung mit moderner Sprachtechnologie. Saarbrücken: IAI.

Lehrndorfer, Anne/ Schachtl, S. 1998: Controlled Siemens Documentary German and TopTrans. In: Technical Communicators´ Forum 3, S. 8ff.

Lehrndorfer, Anne/Tjarks-Sobhani, Marita 2001: Schreibprozess-Steuerung durch sprachliche Standardisierung in der technischen Dokumentation. In: Möhn, D./ Roß, D./ Tjarks-Sobhani, M. (Hgg.): Mediensprache und Medienlinguistik. Festschrift für Jörg Hennig. Frankfurt a.M., Berlin, Bern etc: Peter Lang. S. 145-166. (Sprache in der Gesellschaft. Beiträge zur Sprachwissenschaft 26).

Oehmig, Peter 2006: Gute Güte – Textqualität! In: technische kommunikation 4, Jg. 28.

Reuther, Ursula 2003: Two in One – Can it Work? In: Proceedings of EAMT-CLAW 2003.

Reuther, Ursula 2006: Gut für Struktur und Inhalt. In: technische kommunikation 5, Jg. 28.

Seegers, Roel (ed.) 2004: The new language in International Business, 2nd edition. Tillburg/Netherland.

www.esperanto.de/

www.boeing.com/phantom/sechecker/checker.html

Zielprogrammierung – fertige Strukturen für Bedienungsanleitungen

Dietrich Juhl

1 Ziel und Geschichte

Die Zielprogrammierung ist eine Methode, um Bedienungsanleitungen einheitlich und handlungsorientiert zu strukturieren.

Sie wurde in der Zeitschrift mt Medizin Technik 1990 (Juhl 1990), erstmals vorgestellt. Seitdem hat der Autor die Methode in vielen Seminaren vermittelt, verfeinert und 2002 in einem Buch ausführlich beschrieben (Juhl 2002; 2. Aufl.: Juhl 2005).

1.1 Beweggründe

In den 80er-Jahren waren Anleitungen häufig schlecht, weil sie zu technisch geschrieben waren und in vielen Fällen ein falscher Inhalt dargestellt wurde. So war z. B. die Funktionsweise ausführlich erklärt, während die Bedienung, oder besser gesagt die Vorgehensweise, nicht oder unkonkret erklärt wurde.

Aber was sind „die richtigen Inhalte" und wie kann man sie am besten „rüberbringen", sodass sie jeder verstehen kann? Aus dieser Fragestellung entwickelte der Autor hierfür allgemeingültige Strukturen, die er in der Zielprogrammierung zusammenfasste.

1.2 Der Name

Der Name „Zielprogrammierung" soll zum Ausdruck bringen, dass bei bekanntem Ziel die Anleitung programmiert geschrieben werden kann.

Wie bei der Programmierung kann der Technische Redakteur passende Texte entwickeln, wobei jeder Abschnitt ein klares Ziel und konkrete Strukturen und Schreibregeln hat.

1.3 Scope (Reichweite)

Die Zielprogrammierung ist eine Strukturierungsmethode, die speziell auf Anleitungen ausgerichtet ist, die Handlungen vermitteln.

Sie umfasst Strukturen auf unterschiedlichen Ebenen und bietet dem Technischen Redakteur sehr klare Vorgaben und praktische Formulierungshilfen.

Technische Dokumentation im Sinne von geräteorientierter Beschreibung wird von der Zielprogrammierung erstmal nicht erfasst.

Eine Anlagendokumentation zum Beispiel wird eher als Zusammenstellung technischer Unterlagen gesehen.

Bei genauer Betrachtung wird aber auch hier klar, dass mancher Anleitungsteil irgendwie zur Handlung befähigen muss.

Wenn das der Fall ist, kann die Zielprogrammierung auch auf solche Dokumentationsteile angewendet werden. So können Teile, z. B. einer Anlagendokumentation, handlungsorientiert geschrieben werden und von der Zielprogrammierung profitieren.

1.4 Grundlagen

Die Zielprogrammierung wurde vom Autor ausschließlich aus eigenen Erfahrungen und Überlegungen entwickelt. Dietrich Juhl arbeitet seit 1980 in der technischen Dokumentation und hat seitdem viele Anleitungen in unterschiedlichen Bereichen geschrieben, Projekte geleitet und Technische Redakteure ausgebildet und betreut.

2 Vorüberlegung: Handlungsorientierung

Heute ist es mehr oder weniger selbstverständlich, dass Anleitungen vornehmlich ein Ziel haben: Den Anwender zur Handlung mit dem Gerät zu befähigen.

Dieses Ziel hat Dietrich Juhl schon 1980 entwickelt und den damals üblichen geräteorientierten oder wissensorientierten Anleitungen entgegen gestellt.

- Bei einer geräteorientierten Anleitung ist der Anleitungsinhalt nach Geräteteilen gegliedert, z. B. beim Auto: Fahrwerk, Motor, Innenraum

- Viele Autoren sind der Ansicht, beim Bediener müsse erst mal Wissen aufgebaut werden, denn schließlich sei das Gerät sehr kompliziert und der Bediener müsse viel wissen, bevor er handeln könne.

So gegliederte Anleitungen zeichnen sich durch viel Theorie aus, die der Anwender zuerst lesen muss, bevor er handeln darf.

Die Zielprogrammierung stellt die Handlungen in den Mittelpunkt. Ziel einer Anleitung ist es, den Benutzer zu den notwendigen Handlungen zu befähigen. Nach Möglichkeit soll der Benutzer nur Handlungsanweisungen vorfinden ohne (vorher) Grundwissen aufbauen zu müssen oder die Handlung aus technischen Beschreibungen ableiten zu müssen.

3 Die Grobgliederung

In der obersten Schicht unterscheidet die Zielprogrammierung fünf Inhalte, wobei die beiden letzten optional sind und eher bei sehr technisch geprägten Geräten Anwendung finden.

3.1 Die Leistungsbeschreibung

Die Leistungsbeschreibung erklärt dem Benutzer, welche Art von Gerät er vor sich hat und was er mit dem Gerät tun kann. Dadurch erhält er einen ersten Eindruck und kann seine Erwartungen an das Gerät präzisieren.

3.2 Die Gerätebeschreibung

Die Gerätebeschreibung stellt dem Benutzer das Gerät bildlich vor und erläutert die benutzerrelevanten Teile.

Die Gerätebeschreibung dient folgenden Zwecken:

- Wie sieht das Gerät aus? (Identifikation)
- Aus welchen bedienrelevanten Teilen besteht das Gerät? Hierdurch wird der Blick auf die wichtigen Teile gelenkt.
- Wie heißen die einzelnen Teile? Durch klare Benennung wird sichergestellt, dass der Benutzer das Bedienteil schnell findet, wenn es in der Anleitung erwähnt wird.

- Wozu dienen die einzelnen Teile? Dadurch bekommt der Leser hier schon wichtige Hinweise zur Bedienung. Für die technisch orientierten Leser sind diese Erklärungen sehr aufschlussreich.

3.3 Die Tätigkeitsbeschreibung

Die Tätigkeitsbeschreibung ist der eigentliche Kern jeder Anleitung. Hier erfährt der Benutzer, welche Tätigkeiten er ausführen muss oder ausführen kann, und wie er vorgehen soll. Dabei ist es besonders wichtig, dass der Benutzer nach dem Lesen der Anleitung konkret weiß, wie er handeln muss.

3.4 Die Funktionsweise (optional)

Die Funktionsweise erklärt, nach welchen Prinzipien das Gerät arbeitet. Die Beschreibung der Funktionsweise gehört eigentlich nicht in eine Anleitung, denn der Benutzer soll meistens die Bedienung erlernen und nicht die Funktionsweise verstehen. In einigen Fällen kann das Verständnis der Funktionsweise aber dem Anwender helfen, das Gerät besser zu bedienen, z. B.:

- mit Kenntnis der Funktionsweise kann der Anwender das Gerät „intelligent" bedienen,
- die Anleitung kann Angst nehmen,
- der Benutzer kann Fehler besser vermeiden,
- er hat ein besseres Sicherheitsverständnis,
- und die Funktionsweise hilft ihm bei der Fehlersuche und Reparatur.

In solchen begründeten Fällen ist die Beschreibung der Funktionsweise sinnvoll.

3.5 Technische Unterlagen (optional)

Technische Unterlagen sind Unterlagen, die im Laufe der Konstruktion entstehen und diese festschreiben. Dazu gehören auch Unterlagen, die aus technischer Sicht für Servicezwecke hergestellt werden, z. B.:

- Konstruktionsunterlagen, z. B. Konstruktionszeichnungen, Schaltpläne, Stücklisten, Bestückungsplan, Verdrahtungsplan, Codetabellen;
- Serviceunterlagen, z. B. Schaltplan, Ersatzteilliste, Maßzeichnung, Prüfprotokolle, Messpunkte, Flowchart zur Fehlersuche.

Auch technische Unterlagen gehören im Normalfall nicht in eine Bedienungsanleitung, können aber bei Bedarf für folgende Zwecke zusammengestellt werden:

- als Nachweis über die Konstruktion,
- als Unterlage für spätere Umbauten und Erweiterungen,
- als Unterlage für Reparaturarbeiten,
- als Ergänzung der Benutzerdokumentation (z. B. Stückliste für Ersatzteilbestellung),
- als Dokumentation für „Technische Abnehmer“, z. B. Dokumentation für OEM-Produkte.

Technische Unterlagen reichen in den meisten Fällen nicht als Benutzer-Dokumentation aus, weil sie keine Tätigkeitsbeschreibungen enthalten.

Außerdem sind sie zum Teil codiert geschrieben (z. B. als Schaltplan oder Konstruktionsplan) und damit nur für Techniker lesbar.

3.6 Gliederung

Schon diese Unterscheidung der fünf Inhalte und die für den Benutzer richtige (aufbauende) Reihenfolge der Informationen, führt den Autor beim Zusammenstellen der Inhalte.

4 Feinstruktur

Für jedes Element der Grobgliederung stellt die Zielprogrammierung eine Feinstruktur zur Verfügung, die den Autor führt und ihm Formulierungshilfen gibt.

Diese Feinstruktur soll hier am Beispiel der Leistungsbeschreibung und der Handlungsanweisung erläutert werden.

4.1 Die Leistungsbeschreibung

Die Leistungsbeschreibung erklärt dem Benutzer, welche Art von Gerät er vor sich hat und was er mit dem Gerät tun kann. Der Benutzer erhält einen ersten Eindruck vom Gerät.

Er kann seine Erwartungen abgleichen: Erfüllt das Gerät meine Erwartung? Kann ich das Gewünschte damit machen? (Möglicherweise werden durch diese Information auch falsche Erwartungen des Benutzers abgefangen.)

Die Leistungsbeschreibung dient außerdem zur Motivation: Wozu dient das Gerät? Welchen Nutzen kann ich davon haben? Welchen weiteren Nutzen habe ich davon?

Bestimmungsgemäßer Gebrauch

Mit der Leistungsbeschreibung wird auch der „bestimmungsgemäße Gebrauch" des Gerätes festgelegt. Diese Festlegung ist notwendig, um sich vor Haftungsansprüchen aus der Produkthaftung zu schützen.

Anmerkung: Der bestimmungsgemäße Gebrauch ist kein Sicherheitshinweis (wie häufig falsch angenommen), sondern eine Positivaussage, welchem Zweck das Gerät dient.

Struktur: Leistungsbeschreibung

Element	Beispiele, Hinweise, Formulierungsvorschläge
Überschrift	Produktname, z. B. Der SB 566, Verwendung, Leistungsbeschreibung
ggf. Problemstellung	Häufig haben Sie das oder das Problem ...
Klassifizierung	Das Gerät ist ein ... oder Das Gerät gehört zur Klasse der ...

Element	**Beispiele, Hinweise, Formulierungsvorschläge**
Normalleistung – bestimmungsgemäßer Gebrauch	Das Gerät dient zu … oder Sie können mit dem Gerät ... tun.
Besonderheiten	Das Gerät zeichnet sich besonders aus durch …
ggf. Optionen	Hinweise auf Erweiterungsmöglichkeiten. Das Gerät kann aufgerüstet werden durch … und ermöglicht dann …

4.2 Tipps

Die Leistungsbeschreibung soll dem Benutzer den Nutzen sachlich nahe bringen. Sie darf in gewissem Sinne werbend sein, denn schließlich kann die Leistungsbeschreibung motivieren, das Gerät mit all seinen Features zu benutzen. Vermeiden Sie aber Formulierungen wie „Herzlichen Glückwunsch!“, weil sie eher negative Emotionen beim Leser auslösen.

Beispiel Leistungsbeschreibung

Der CARD Hi Tester 007
Der CARD HI Tester 007 ist ein digitales Vielfachmessinstrument und dient zum Messen der üblichen elektrischen Größen:

- Gleichspannung (DC) bis 750V
- Wechselspannung (AC) bis 500V
- Widerstand (Ohm) von 0,1W bis 100 MW

Außerdem verfügt das Gerät über einen akustischen Durchgangsprüfer und eine Batterieprüffunktion.
Die Bereichsumschaltung erfolgt automatisch.
Das Gerät zeichnet sich besonders durch einen schnellen Analog-Digital-Wandler und die große vierstellige Digitalanzeige aus.
Mit einem Zusatzmodul kann der CARD HI Tester 007 zur Messung von Kapazitäten aufgerüstet werden.

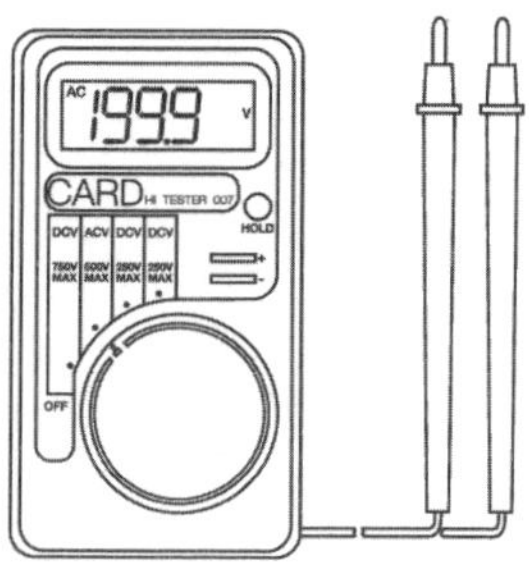

Diese Leistungsbeschreibung ist streng nach der oben dargestellten Struktur erstellt: Überschrift, Klassifizierung, Normalleistung, Besonderheiten, Optionen (Quelle: Dietrich Juhl).

4.3 Die Tätigkeitsbeschreibung

Die Tätigkeitsbeschreibung ist das wichtigste Element der Grobgliederung. Bei der eingangs erwähnten Handlungsorientierung stehen hier die wichtigsten Informationen für den Benutzer:

- Welche Handlungen sind notwendig und wie muss ich vorgehen?
- Wie kann ich den Grundnutzen erreichen?
- Und welche anderen Nutzungsmöglichkeiten gibt es, und wie werden sie bedient?

Aus Sicht des Autors gibt es acht verschiedene Möglichkeiten einem Benutzer Handlungen zu vermitteln. Die Bekannteste und Wichtigste ist die Schritt-für-Schritt-Anleitung. Sie wird in der Zielprogrammierung „Handlungsanweisung" genannt.

Auch für die Handlungsanweisung gibt es eine Feinstruktur und diverse Überlegungen, wie die Schritt-für-Schritt-Folge ausgeführt werden soll (z. B. Detaillierung der Schrittbeschreibung, auffordernde Formulierung, Feedback, Linearität oder Schleifen).

Zunächst möchte ich Ihnen aber einen Überblick über alle acht Möglichkeiten der Tätigkeitsbeschreibung geben:

	Art	Erklärung
1	Handlungs-anweisung	Die Handlungsanweisung gibt Schritt für Schritt konkrete Anweisungen, was getan werden soll. Die meisten Tätigkeiten können am besten als Handlungsanweisung vermittelt werden.
2	Bedienelemente	Die Darstellung der Bedienelemente zeigt, was mit jedem Bedienteil gemacht werden kann. Die Beschreibung der Bedienelemente ist nur sinnvoll, wenn jedes Bedienteil genau eine Funktion ausführt (wie das z. B. bei einem alten Radio der Fall ist).
3	SW-Funktions-beschreibung	Die Software-Funktionsbeschreibung erklärt die wichtigen Fakten zu jeder SW-Funktion, z. B.: Nutzen der Funktion, Aufruf der Funktion, Parameter, Auswirkungen. Die Software-Funktionsbeschreibung ist sinnvoll bei Software, bei der alle Funktionen nach dem gleichen Prinzip bedient werden.

	Art	Erklärung
4	Abbildung der Handlung	Die Abbildung der Handlung zeigt eine Momentaufnahme der Handlung oder mehrere Momentaufnahmen als Phasenbild. Die Abbildung der Handlung oder des Handlungsergebnisses eignet sich fast nur für Montageanleitungen (z. B. Selbstbaumöbel).
5	Abbildung des Handlungs-ergebnisses	Die Abbildung des Handlungsergebnisses zeigt das Ergebnis der Handlung als Bild. Die Abbildung des Handlungsergebnisses eignet sich fast ausschließlich für Montageanleitungen und da auch nur, wenn die Sache einfach ist, oder beim Bediener genügend Fachkompetenz vorausgesetzt werden kann. Beispiel: Sind Elektriker die Zielgruppe, genügt ein Schaltplan als Darstellung. Der Schaltplan zeigt ein Handlungsergebnis in symbolisierter Form.
6	Vermittlung von Systematik	Die Vermittlung von Systematik beschreibt das System der Bedienlogik. Die Vermittlung von Systematik kann benutzt werden, wenn das Gerät eine klare, immer wiederkehrende Bedienlogik hat.
7	Regeln	Bei Spielen (z. B. Schach) kann keine klare Handlungsanweisung gegeben werden, weil meist mehrere Handlungsmöglichkeiten bestehen und diese von der Spielkonstellation abhängen. Hier sind Regeln eine mögliche Beschreibungsform. Regeln beschreiben Handlungen in Abhängigkeit von Bedingungen („wenn A erfüllt ist, müssen Sie B handeln“) In Anleitungen können Regeln eingesetzt werden, wenn die Handlung weitgehend bekannt ist, aber gewisse Regeln beachtet werden müssen. Außerdem sind Regeln häufig eine sinnvolle Ergänzung zu Handlungsanweisungen.
8	Systembe-schreibung	Die Systembeschreibung beschreibt, wie das Gerät reagiert. Diese Form ist angebracht, wenn das Gerät gar nicht bedient wird. Beispiel: Bei Abstandssensoren in der Stoßstange ist keine Bedienung erforderlich. Der Benutzer muss aber wissen, welche Bedeutung die Töne haben.

4.4 Die Handlungsanweisung

Zweck

Die klassische Handlungsanweisung sagt dem Benutzer genau, Schritt für Schritt, was er tun soll. Benutzen Sie die Handlungsanweisung immer dann, wenn der Benutzer eine konkrete Handlung ausführen kann.

Struktur: Handlungsanweisung

	Beispiele, Hinweise
Überschrift	aus Anwendersicht Ansagetext aufsprechen
Ziel der Handlung	Sie können ... tun. Das ist z. B. sinnvoll, um ...
ggf. Überblick über die Handlung oder Hinweis auf ähnliche Handlungen (nur bei komplexen Handlungen)	
ggf. Voraussetzungen	... muss erfüllt sein. vorzugsweise als Handlungsschritt Stellen Sie sicher, dass ...
Schritt für Schritt	
Handlungsaufforderung	Drücken Sie die Taste ...
– ggf. Bild der Handlung	
– ggf. Feedback	Die Lampe leuchtet
– ggf. Hintergrund (warum die Handlung ausgeführt werden soll oder was dadurch bewirkt wird)	Dadurch ist ...
Resultat der Handlung	Jetzt ist ... fertig
Ausblick	Später können Sie ...

Im Folgenden sind die einzelnen Elemente ausführlich beschrieben:

Überschrift

Mit Hilfe der Überschrift kann der Benutzer erkennen, worum es in dem Kapitel geht:

- Die Überschrift sollte aus Benutzersicht formuliert sein, z.B. „Einen Brief an mehrere Adressaten schreiben".
- Die Überschrift sollte nicht technisch formuliert sein, z. B. nicht „Serienbrief-Funktion".
- Bei weithin eingebürgerten Begriffen kann auch der technische Begriff in der Überschrift stehen. Dann ist möglicherweise eine Kombination aus Benutzersicht und Technik sinnvoll, z. B. „Einen Brief an mehrere Adressaten schreiben - Serienbrief-Funktion".

Ziel der Handlung

Das Ziel der Handlung dient dem Leser zu mehreren Zwecken:

- Er wird gedanklich auf die Tätigkeit vorbereitet.
- Er erfährt, welche Handlungsmöglichkeit er hat oder was er erreicht, wenn er diese Handlung ausführt (Motivation).
- Er kann entscheiden, ob er dieses Kapitel lesen und die Handlung erlernen will.

Das Ziel der Handlung wird in Anleitungen (fälschlicherweise) häufig nicht beschrieben. Dadurch fehlen dem Leser wichtige Eingangsinformationen. Das Ziel der Handlung ist oft wichtiger als die Schritt-für-Schritt-Anweisung. Gerade bei modernen Geräten mit vielen Features muss der Benutzer zuerst erfahren, welche Möglichkeiten er hat, während die Vorgehensweise bei guter Ergonomie selbsterklärend ist und möglicherweise sogar weggelassen oder verkürzt dargestellt werden könnte.

Voraussetzungen

Voraussetzungen sind Zustände, die vor der Handlung erfüllt sein müssen. Klare Voraussetzungen sollten Sie weglassen, z. B.: „Das Gerät muss eingeschaltet sein."

Voraussetzungen können Sie als Bedingung formulieren, z. B.: „Es dürfen sich keine brennbaren Materialien im Raum befinden." Besser ist es, wenn Sie die Voraussetzungen als Handlungsschritt formulieren, z. B.: „Stellen Sie sicher, dass sich keine brennbaren Materialien im Raum befinden", oder noch aktiver formuliert: „Tragen Sie alle brennbaren Materialien aus dem Raum."

Erwähnen Sie hier auch notwendige (Spezial-)Werkzeuge.

Schritt für Schritt

Formulieren Sie die Handlungsschritte

- als Infinitiv: „Taste A drücken“ oder
- als persönliche Anrede: „Drücken Sie die Taste A“ (Imperativ)

Sie können auch Infinitiv und persönliche Anrede mischen, z. B.:

- Taste „Login“ drücken.
- Geben Sie Ihr Passwort ein. (Sie haben es bei der Anmeldung festgelegt).
- Mit Enter bestätigen.

Feedback

Erwähnen Sie wichtiges Feedback, z. B.: „Die grüne Lampe leuchtet jetzt.“ Feedback ist besonders wichtig, wenn der Anwender unsicher ist, oder Sie besonderen Wert darauf legen, dass er seine Handlung nach jedem Schritt kontrollieren kann.

Hintergrund

Sagen Sie dem Anwender ggf., warum er das tun soll. Dann kann er sich die Handlung besser merken. Beispiel: Geben Sie FUNK T ein, dadurch leiten Sie die Funktion „Transfer“ ein.

- Formatieren Sie die Schritte als Punktaufzählung

oder

- Nummerieren Sie die Schritte.

Setzen Sie ggf. zu jedem Handlungsschritt ein Bild, das die Handlung zeigt (oftmals genügt es, das Bedienelement zu zeigen, z. B. die Taste, die gedrückt werden soll).

Schreiben Sie die Handlungsschritte in der richtigen Reihenfolge untereinander und lassen Sie alle zeitlichen Formulierungen wie „dann..., danach..., jetzt...“ weg.

Beschreiben Sie keine verzweigten Handlungen, sondern immer nur einen Handlungsstrang. Verzweigungen können Sie anschließend als Sonderfall schildern.

Beschreiben Sie in einer Handlungsanweisung keine alternativen Handlungsmöglichkeiten, sondern möglichst nur eine Handlung.

Resultat der Handlung

Das Resultat der Handlung dient dem Leser zu folgenden Zwecken:

- Er erfährt, dass die Handlung hier zu Ende ist.
- Er kann das Handlungsergebnis beim Lesen denkend vorwegnehmen.

Ausblick

Häufig ist es sinnvoll, dem Leser einen Ausblick zu geben, welchen Nutzen er vom Handlungsergebnis haben wird oder wie er mit dem Handlungsergebnis weiterarbeiten kann. Das ist vor allem bei Software-Anleitungen sinnvoll, bei denen mehrere Handlungen aufeinander aufbauen.

Schlusspunkt

Um das Ende der Handlungsanweisung deutlich zu machen, kann zusätzlich ein Schlusspunkt gesetzt werden, wie es in Zeitschriften am Ende eines Artikels üblich ist, z. B.: ♦

5 Umrandung

Neben den gezeigten Inhalten sind schriftliche Unterlagen vielfach mit weiteren Elementen zur Führung des Lesers oder zum besseren Verständnis ausgerüstet.

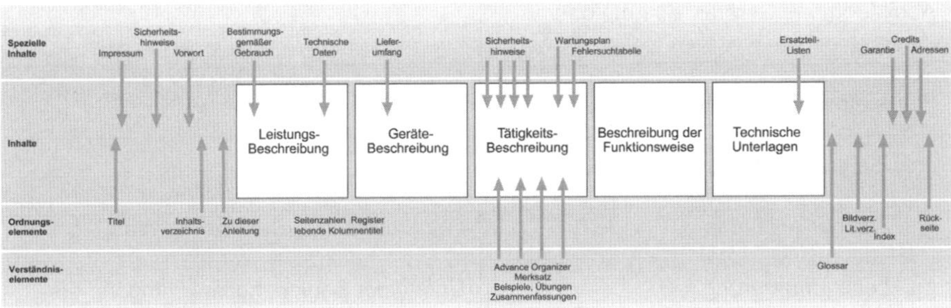

Quelle: Juhl 2005:22-23.

Für die Zielprogrammierung habe ich diese „Umrandungen“ in folgende Klassen eingeteilt:

5.1 Ordnungselemente

Ordnungselemente dienen dem Leser dazu, die Reihenfolge in der Bedienungsanleitung zu verstehen und gewünschte Informationen schnell zu finden.

Ordnungselemente helfen bei unterschiedlichen Lesearten:

Der Leser kann die Anleitung von vorne bis hinten lesen, durch Kapitelüberschriften und lebende Kolumnentitel weiß er stets, in welchem Zusammenhang er sich befindet, Index und Inhaltsverzeichnis ermöglichen ihm einen Quereinstieg usw.

Im Folgenden finden Sie einen Überblick über die möglichen Ordnungselemente.

Titelblatt

Das Titelblatt ist die sichtbare Vorderseite der Anleitung und dient dem Benutzer zum schnellen Finden der richtigen Anleitung und zur Identifikation (Die Anleitung passt zum Gerät).

Auch für diese Elemente bietet die Zielprogrammierung eine Struktur, wie das folgende Beispiel exemplarisch zeigen soll.

Element	**Beispiele, Hinweise**
Titel	Bedienungsanleitung
genaue Gerätebezeichnung	SP660, SP661
ggf. Sprache der Anleitung	Deutsch
Abbildung des Gerätes als Foto oder Zeichnung	
Firma als Schriftzug oder Logo	Siemens
ggf. Zielgruppe der Anleitung	Anwender
ggf. Ziel der Anleitung	Inbetriebnahme, Benutzung, Wartung
ggf. Leseaufforderung	Unbedingt Bedienungsanleitung vor erster Inbetriebnahme lesen! Sicherheitshinweise beachten!

Beispiel: Titelblatt

OLYMPUS®

CAMEDIA
DIGITALKAMERA

C-7000 ZOOM
C-70 ZOOM

Erweiterte Anleitung

Ausführliche Erklärungen zu allen Funktionen, damit Sie alle Möglichkeiten Ihrer Kamera optimal nutzen können.

Grundlegende Bedienung
Grundlegende Aufnahmefunktionen
Erweiterte Aufnahmefunktionen
Wiedergabe
Drucken
Online-Bilder
Kameraeinstellungen

- Wir bedanken uns für den Kauf dieser Olympus Digitalkamera. Bitte lesen Sie dieses Handbuch vor Gebrauch Ihrer neuen Kamera sorgfältig durch, um eine einwandfreie Handhabung und lange Nutzungsdauer zu gewährleisten. Bewahren Sie dieses Handbuch an einem sicheren Ort auf.
- Wir empfehlen Ihnen, vor wichtigen Aufnahmen Probeaufnahmen zu erstellen, damit Sie sich mit der Bedienung und den Funktionen der Kamera vertraut machen können.
- Olympus behält sich im Sinne einer ständigen Produktverbesserung das Recht vor, die in diesem Handbuch enthaltenen Informationen jederzeit zu aktualisieren oder zu verändern.

Inhaltsverzeichnis

Das Inhaltsverzeichnis ist die übersichtliche Zusammenstellung der Kapitelüberschriften und erfüllt mehrere Aufgaben. Es bietet einen inhaltlichen Überblick, zeigt die vom Autor gewählte Struktur und ermöglicht den gezielten Zugriff.

Zu dieser Anleitung

Üblich in Anleitungen ist ein Kapitel „Zu dieser Anleitung“. Diese Anleitung zur Anleitung erklärt, wie die Anleitung aufgebaut ist und wie sie sinnvoll benutzt werden kann. Hier werden auch die Schreibweise und die verwendeten Symbole erklärt.

Seitenzahlen

Seitenzahlen sind ein triviales aber wichtiges Ordnungselement.

Register

Register sind ausgeführte oder mitgedruckte Zugriffshilfen, die die Kapitelunterteilung für den Leser hervorheben, und einen schnelleren Zugriff ermöglichen.

Lebende Kolumnentitel

Lebende Kolumnentitel sind die Wiederholungen der aktuellen Kapitelüberschrift in der Kopf- oder Fußzeile. Sie bieten dem Leser Orientierung, in welchem Kapitel er sich gerade befindet.

Index, Stichwortverzeichnis

Der Index ist eine alphabetisch sortierte Liste ausgewählter Suchworte und soll dem Anwender helfen einen Inhalt schnell zu finden, ohne sich mit der Ordnung der Anleitung zu beschäftigen.

Rückseite

Die Rückseite ist die sichtbare Rückseite der Anleitung. Sie wird häufig nur für logistische Zwecke des Herstellers verwendet (z. B. zugehörige Geräte- und Versionsnummer, Drucknummer, Ausgabedatum, Kontakte, Adresse, Hotline-Nummer)

5.2 Verständniselemente

Möglicherweise kann der Benutzer beim Verstehen der Anleitung unterstützt werden.

Im Folgenden finden Sie einen Überblick über mögliche Verständniselemente.

Advance Organizer

Ein Advance Organizer ist eine vorwegnehmende Einstimmung auf den Inhalt des Kapitels.

Der Benutzer wird bei Bekanntem abgeholt und erfährt grundlegende Informationen, eine Einstimmung oder sogar eine Vorstrukturierung der Inhalte.

Möglicherweise erspart ihm der Advance Organizer sogar das Lesen des Kapitels, weil er anhand des Advance Organizers erkennen kann, dass er den Inhalt schon kennt oder im Moment nicht daran interessiert ist.

Merksatz

Ein Merksatz kann wichtige Aussagen kompakt zusammenfassen und dem Leser helfen, sich Inhalte zu merken.

Beispiele, Übungen

Manche Erklärungen werden erst durch ein Beispiel anschaulich und verständlich. Daher kann ein Beispiel sehr beim Verstehen der Anleitung helfen.

Außerdem probieren die meisten Anwender das Gelesene gleich aus, um die praktische Seite kennen zu lernen und letztendlich die Bestätigung zu erhalten, alles richtig verstanden zu haben.

Bei komplexen Geräten kann die Anleitung den Anwender mit Beispielen und Übungen dabei unterstützen.

Zusammenfassung

Zusammenfassungen geben einen kurzen Überblick über den Inhalt eines Kapitels. So kann eine Zusammenfassung am Kapitelanfang beim Querlesen helfen, oder eine Zusammenfassung am Kapitelende kann das Wichtige betonen und im Zusammenhang relativieren.

Glossar

Ein Glossar ist eine Zusammenstellung der verwendeten Fachausdrücke mit Erklärung. Wie in einem Lexikon kann der Leser unbekannte Wörter oder Abkürzungen nachschlagen und Wortbedeutungen nachlesen und vertiefen.

5.3 Spezielle Inhalte

Außer den bisher beschriebenen Inhalten können oder müssen, je nach Gerät und Anleitung, spezielle Inhalte aufgenommen werden.

Im Folgenden finden Sie einen Überblick über die möglichen speziellen Inhalte.

Impressum

Das Impressum enthält Daten zur Verwaltung des Druckwerkes, z. B. Drucknummer, Druckdatum, Herausgeber.

Sicherheitshinweise

Wenn von einem Gerät Gefahren für Personen oder Sachen ausgehen, muss in der Anleitung deutlich vor diesen Gefahren gewarnt werden.

Die Sicherheitshinweise werden heute meistens nach ANSI 535.6 strukturiert.

Element	Beispiel
Aufmerksamkeitszeichen	
Signalwort	Vorsicht! (Je nach Gefährdungsgrad) Warnung! Gefahr!
Art der Gefahr und Quelle	Heiße Geräteteile
Mögliche Folgen	Verbrennungsgefahr
Entkommen: Maßnahmen zur Abwehr	Nicht berühren!

Bestimmungsgemäßer Gebrauch

Entgegen der weitverbreiteten Meinung ist der bestimmungsgemäße Gebrauch ein Positivelement (und kein Sicherheitshinweis). Auch ohne Produkthaftung gehört er in jede Anleitung.

Der bestimmungsgemäße Gebrauch ist durch die Leistungsbeschreibung abgedeckt. Bestehen Sicherheitsrisiken durch einen (bekannten oder denkbaren) Missbrauch, muss zusätzlich vor diesem Missbrauch gewarnt werden.

Technische Daten

Technische Daten sind die Zusammenstellung der wichtigsten Daten. Hierdurch wird die Leistung des Gerätes spezifiziert.

Lieferumfang

Der Lieferumfang ist eine textliche oder bildhafte Aufzählung aller Teile, die standardmäßig zum Gerät gehören. Er ist wichtig, wenn das Produkt aus mehreren Teilen besteht und der Benutzer die Möglichkeit haben soll, die Vollständigkeit der Lieferung zu überprüfen.

Wartungsplan

Der Wartungsplan ist die tabellarische Darstellung aller Wartungsarbeiten. Er dient dem Benutzer als Anleitung und Checkliste, um die erforderlichen Arbeiten regelmäßig auszuführen.

Fehlersuchtabelle

Die Fehlersuchtabelle fasst die häufigsten Fehler und Abhilfen übersichtlich zusammen. Sie hilft dem Benutzer, bei Fehlern gezielt nach Ursache und Abhilfe zu suchen.

Garantie

Die Garantiebestimmungen dienen dem Hersteller dazu, darzulegen, in welchen Fällen Anspruch auf Garantie besteht. Gegebenenfalls kann hier auch erklärt werden, wie der Kunde im Garantiefall verfahren soll.

Adressen

Im Adressteil stehen die Adresse des Herstellers und ggf. die Adressen von Niederlassungen oder Servicestellen.

6 Zusammenfassung / Fazit

Die Zielprogrammierung ist eine praktische Strukturierungsmethode, die speziell für das Schreiben verständlicher Bedienungsanleitungen entwickelt wurde. Sie bietet dem Autor fertige, umfängliche Strukturen, die ihm helfen eine Anleitung übersichtlich zu gliedern und die einzelnen Textpassagen anhand fertiger Strukturen und Formulierungshilfen zu entwickeln.

Die Zielprogrammierung eignet sich besonders zum Schreiben von Bedienungsanleitungen für Geräte und Software.

Besonders interessant sind die unterschiedlichen Methoden Tätigkeit zu vermitteln. Einzigartig unterscheidet die Zielprogrammierung hier acht Möglichkeiten von der klassischen Schritt-für-Schritt-Anleitung bis zur Darstellung des Handlungsergebnisses (z. B. kann ein Schaltplan als Handlungsergebnis gesehen werden, das geeignet ist einem Anwender die notwendigen Handlungen zu ermöglichen).

7 Literaturverzeichnis

Juhl, Dietrich/ Bott, Walter 1990: Zielprogrammierung. Die Entscheidungs- und Realisierungshilfe für anwender- und produktbezogene Gebrauchsanweisungen. Stuttgart: In: mt Medizin Technik 4, Jg. 110, S. 137-143.

Juhl, Dietrich/ Schwermer, Rolf 1990: Zielprogrammierung. Eine analytische Methode zum Schreiben von Anleitungen. Stuttgart: In: tekom nachrichten 1, Jg. 13, S. 22 ff.

Juhl, Dietrich/ Bott, Walter 1992: Zielprogrammierung. Entscheidungs- und Realisierungshilfe für anwender- und produktbezogene Anleitungen. Stuttgart: In: tekom nachrichten 1, Jg. 15, S. 15 ff.

Juhl, Dietrich 2005: Technische Dokumentation.Praktische Anleitungen und Beispiele. 2. neu bearb. Auflage. Berlin, Heidelberg: Springer. (1. Aufl. 2002).

Die Strukturierungsmethode Information Mapping® (IMAP)

Klaus Böhler

In Unternehmen werden täglich unzählige Informationen aufbereitet und kommuniziert. Viele Unternehmensbereiche mit unterschiedlichsten Anforderungen erstellen Dokumente und bedienen damit unterschiedlichste Zielgruppen. Nicht immer erfolgt dies zur Zufriedenheit der jeweiligen Leser. Viele Verfasser von Informationen sind dazu nicht speziell ausgebildet und haben somit kein Regelwerk zur Hand, das ihnen hilft, verständliche, schnell erfassbare, gut strukturierte und gut aufbereitete Informationen zu verfassen. Viele Probleme des Lesers wurzeln in diesen Unzulänglichkeiten. Besonders die Aufbereitung und Strukturierung großer Informationsmengen erfordert gewisse Regeln für die Gestaltung und Struktur von Information. Mit Information Mapping steht solch ein Regelwerk zur Verfügung. Es hilft Autoren, gut strukturierte und effiziente Dokumente zu erstellen und liefert als Ergebnis dem Leser verständliche, modulare Informationsbausteine. Diese Informationsbausteine berücksichtigen in Aufbau und Darstellung lern- und lesepsychologische Gesichtspunkte.

1 Ein paar einführende Fragen zu IMAP®

Was ist Information Mapping?

Information Mapping (IMAP) ist eine weltweit erfolgreich angewandte Methode für das strukturierte, leserfreundliche Verfassen von Information. Ihre Regeln und Empfehlungen führen Autoren zu einer klaren und effizienten Schreibweise. Texte und Dokumente werden dadurch verständlich, eindeutig und übersichtlich – wie in einer „Map“ – einer Karte. Die Methode beruht auf wissenschaftlichen Erkenntnissen der Lernpsychologie und der Funktionsweise des menschlichen Gehirns.

Information zu „mappen“ bedeutet, Dokumente zu effizienten Werkzeugen der Kommunikation in Unternehmen zu machen. IMAP schafft eine gemeinsame Plattform für die Kommunikation. Der Austausch, die Wiederverwendung und die Verwaltung von Information wird effizienter.

Wie entstand Information Mapping?

Information Mapping basiert auf 30 Jahren wissenschaftlicher Forschung, auf Untersuchungen zur Wahrnehmung, zur Funktionsweise des menschlichen Gehirns und zu Leserreaktionen. Die Methode wurde von dem Kommunikationswissenschaftler und Psychologen Prof. Robert E. Horn an der Harvard University entwickelt, um Schülern und Studenten ein effektiveres Lernen mit geschriebener Information zu ermöglichen.

Warum Information Mapping?

In Unternehmen werden täglich unzählige Dokumente mit viel Aufwand verfasst. Diese Dokumente sollen leicht zu lesen und zu benutzen sein.

Die Anforderungen an Texte, Dokumente und Information in Unternehmen sind Klarheit, Kürze, Präzision und Übersichtlichkeit. Doch in der Schule lernen wir literarisch orientiertes, variantenreiches Schreiben von Texten.

Was sind die Ziele der Methode?

Information Mapping hat das Ziel, Information so effektiv wie möglich zu machen. Das bedeutet:

- leichte Navigation und Orientierung im Dokument,
- schnelles Erfassen des Wesentlichen,
- verständliche und lesergerechte Darstellung der Information und
- gezielter Zugriff auf die gesuchte Information.

Ein schlecht strukturiertes und unübersichtlich aufgebautes Dokument, das man mehrmals lesen muss, um es zu verstehen, kostet Zeit und Nerven. Eines, das möglicherweise fünfhundert Personen zweimal lesen müssen, kostet Geld.

„Gemappte“ Information beschränkt sich auf das, was der Leser wirklich braucht und wissen will. Weil Überflüssiges weggelassen wird, besitzen gemappte Dokumente bis zu 40 Prozent weniger Worte.

Wofür und für wen eignet sich IMAP?

Jede Information lässt sich mappen, unabhängig von ihrem Umfang:

- ein einseitiges Rundschreiben,
- ein zehnseitiger Bericht,
- eine hundertseitige Qualitätsmanagement-Dokumentation,
- ein dreihundert Seiten starkes Benutzerhandbuch,
- tausend Intranetseiten,

also nahezu alle Dokumente, die in Unternehmen erstellt werden. Und jeder kann Information Mapping lernen und dann sofort anwenden.

Wem nutzt IMAP?

IMAP nutzt Lesern und Verfassern:

- *Lesern* erleichtert es den Zugang zu Information – gemappte Information ist klar und lässt sich selektiv lesen.
- *Verfasser* können Texte zeitsparender, vor allem aber strukturierter und zielgruppengerechter erstellen. Information Mapping ist besonders wichtig für Verantwortliche und Autoren in den Bereichen Informationsmanagement, Technische Dokumentation, Unternehmenskommunikation, Informationstechnologie, Entwicklung, Konstruktion, Qualitätsmanagement, Personalförderung und Schulung.
- *Unternehmen* schaffen einen einheitlichen Standard für das Schreiben, Darstellen und für den Austausch von Information.

Wo kann man IMAP erlernen?

IMAP kann man bei zertifizierten IMAP-Distributoren weltweit in einheitlichen Seminaren lernen, die Inhouse oder öffentlich abgehalten werden.

2 Beschreibung der Information Mapping Methode

2.1 Definition von IMAP

Einleitung

Information Mapping ist eine Methode zur Analyse, Strukturierung und Darstellung von Information:

- Analyse der Information aus der Sicht des Nutzers/Lesers,
- Strukturierung der Information, um schnellen Zugriff zu ermöglichen (inkl. Orientierungshilfen),

- lesergerechte Darstellung der Informationen, um dem Leser die Informationsaufnahme zu erleichtern.

Information Mapping analysiert die Bedürfnisse des Lesers und berücksichtigt das Informationsbedürfnis des Lesers in einer bestimmten Nutzungssituation. Daraus abgeleitet wird eine optimale Strukturierung der zur Verfügung gestellten Information und eine lesegerechte Darstellung. Über die drei Phasen Analyse, Strukturierung und Darstellung erreicht der Verfasser eine optimale Aufbereitung der Information aus Lesersicht.

Analyse

Im so genannten „imaginären Dialog“ versetzt sich der Autor zusammen mit Know-how-Trägern im Unternehmen in die Situation des Lesers und ermittelt dessen Informationsbedürfnis (Brainstorming und Interviews). Die Analyse liefert den groben Umfang des Dokuments, wobei auch die Arten der Information definiert sind.

Strukturierung

Die für den Leser aufzubereitenden Informationen werden in Abhängigkeit ihrer Informationsart in den Strukturierungselementen der IMAP-Methode, den sogenannten „Maps“ und „Blöcken“ aufbereitet. Regeln geben die klare und übersichtliche Struktur von der kleinsten Informationseinheit, dem Block, über die Map bis zur gesamten Dokumentation vor.

Die somit erzeugten modularen Informationseinheiten bilden eine hervorragende Voraussetzung für den Einsatz von modernen Technologien, wie XML-basierte Lösungen und Content Management Systeme.

Darstellung

Für jede Art von Information empfiehlt Information Mapping eine optimale und lesergerechte Art der Darstellung. Diese Darstellung ist unabhängig vom verwendeten Medium. Sie berücksichtigt lernpsychologische Gesichtspunkte. In vielen Fällen wird der Einsatz von Tabellen empfohlen.

Werkzeuge der Methode

Zur Erstellung zielgruppengerechter Information setzt IMAP die folgenden „Werkzeuge“ ein:

- Sieben Prinzipien zur Informationsaufbereitung,
- Informationsstrukturierung in die Informationseinheiten ”Map” und ”Block”,
- Klassifizierung der Information in sechs Informationsarten und
- Analyse des Informationsbedürfnisses des Lesers.

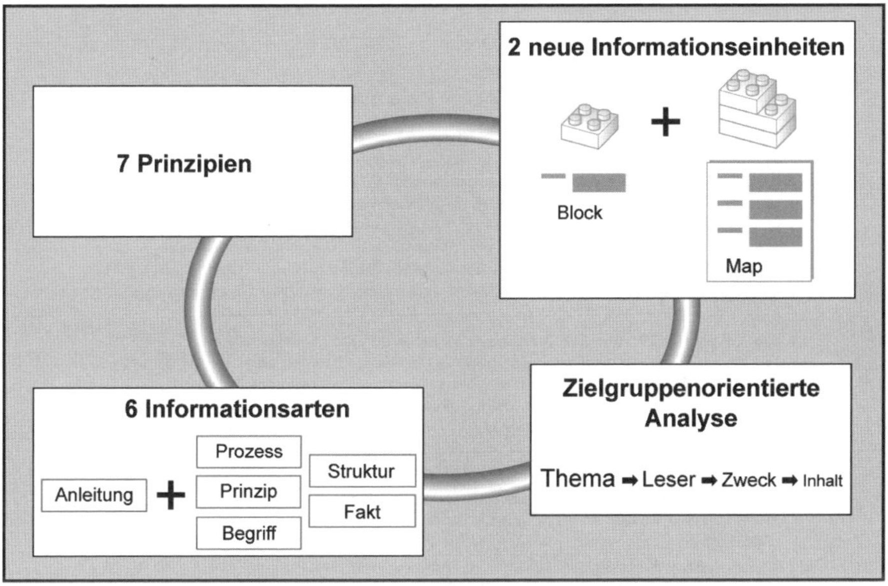

Diese Werkzeuge sind nachfolgend kurz beschrieben.

2.2 Ein praktisches Beispiel (Vorher – Nachher)

Das folgende praktische Beispiel zeigt, wie sich die Anwendung der Information Mapping Methode bei der Informationsaufbereitung in einem Dokument auswirkt.

Das „Vorher-Beispiel“ zeigt eine typische geschäftliche Mitteilung.

Beispiel „Vorher“: **Eine typische geschäftliche Mitteilung**

Rundschreiben

Datum: 10. Januar 2007
An: Alle Angestellten
Von: Peter Mapper

Betrifft: NEUORGANISATION

Wie Sie ohne Zweifel bereits wissen, haben wir letztes Jahr die Auswirkungen verschiedener wirtschaftlicher Veränderungen besonders hart zu spüren bekommen, so unter anderem die Zunahme der Einfuhren aus dem Ausland, Schwierigkeiten mit den Angestelltenverbänden und Probleme im Zusammenhang mit der Entwicklung neuer Baugruppen. Diese Gründe haben dazu geführt, dass unsere Geschäftsleitung eine eingehende Untersuchung der gegenwärtigen Situation in Auftrag gegeben hat mit dem Ziel, mögliche Alternativen zur Verbesserung unserer Gewinnsituation und zur längerfristigen Erhöhung unserer Produktivität aufzuzeigen. Einzelne Abteilungen haben in der letzten Zeit abwechslungsweise mit Gewinn, dann mit Verlust gearbeitet, ohne dass wir uns kritisch mit den tieferen Ursachen auseinandergesetzt haben. Bisher haben wir nur da und dort jeweils Korrekturen vorgenommen, um soweit wie möglich die negativen Auswirkungen abzuschwächen und um Wiederholungen zu vermeiden.

Am 1. April werden zwei neue Abteilungen ins Leben gerufen: Produktionsentwicklung und Betrieb. Im Zusammenhang damit wird auch die Geschäftsleitung neu geordnet. Am 22. März wird die Geschäftsleitung alle betroffenen Mitarbeiter in einer gemeinsamen Betriebsversammlung über die Aufgaben der neuen Abteilungen informieren. Bei dieser Gelegenheit werden auch Einzelheiten zur Neuordnung der Geschäftsleitung bekanntgegeben. Nachfolgend geben wir Ihnen die wichtigsten Änderungen bekannt, damit die verantwortlichen Abteilungsleiter die Vorbereitungsarbeiten an die Hand nehmen können.

Willi Fröhlich verläßt seine jetzige Stelle als Geschäftsführer des Einkaufs und wird Direktor der neuen Betriebsabteilung. Monika Dreher, vormals Vizepräsidentin für Forschung wird Vizepräsidentin der neuen Betriebsabteilung. Walter Fässler wird neu Vizepräsident der Produktentwicklung und verläßt seine Stelle als Direktionsassistent der Forschung. Diese Neuordnung der Geschäftsleitung tritt ebenfalls am 1. April in Kraft.

Heiner Blässer wird zum Direktionsassistenten der Forschung ernannt. Irmgard Huber zur Direktionsassistentin der Betriebsabteilung. In der Regel werden die direkten Mitarbeiter der obengenannten Vorgesetzten weiterhin diesen unterstellt bleiben. Die Geschäftsleitung wird die vom Umzug betroffenen Mitarbeiter am 15. März informieren.

Die gleiche Information mit IMAP-Regeln aufgebaut, sieht wie folgt aus:

Beispiel „Nachher“: mit der Information Mapping Methode aufbereitet

Rundschreiben

Datum: 10. Januar 2007
An: Alle Angestellten
Von: Peter Mapper

Schaffung zweier neuer Abteilungen und Neuordnung der Geschäftsleitung

Ausgangslage

Wie Sie bereits wissen, haben wir letztes Jahr die Auswirkungen verschiedener wirtschaftlicher Veränderungen besonders hart zu spüren bekommen, so unter anderem

- die Zunahme der Einfuhren aus den Ausland.
- Schwierigkeiten mit den Angestelltenverbänden und
- Probleme im Zusammenhang mit der Entwicklung neuer Baugruppen.

Aus diesen Gründen hat die Geschäftsleitung eine eingehende Untersuchung in Auftrag gegeben, mit dem Ziel, mögliche Alternativen zur Verbesserung unserer Gewinnsituation und zur Erhöhung unserer Produktivität aufzuzeigen. Diese werden nachfolgend erläutert.

Zwei neue Abteilungen

Am 1. April werden zwei neue Abteilungen ins Leben gerufen:

- Produktentwicklung
- Betrieb

Neuordnung der Geschäftsleitung

Im Zusammenhang damit wird auch die Geschäftsleitung neu geordnet.
Die folgende Neuordnung der Geschäftsleitung tritt ebenfalls am 1. April in Kraft:

Name	Bisherige Position	Neue Funktion
Willi Fröhlich	Abteilungsleiter Einkauf	Direktor Betrieb
Monika Dreher	Vizepräsidentin Forschung	Vizepräsidentin Betrieb
Walter Fässler	Direktionsassistent Forschung	Vizepräsident Produktentwicklung
Heiner Blässer	Direktionsassistent Finanzen	Direktionsassistent Forschung
Irmgard Huber	Abteilungsleiterin Buchhaltung	Direktionsassistentin Betrieb

Wichtige Termine

Nachfolgend die wichtigsten Daten im Zusammenhang mit diesen Änderungen:

- 15. März Information der vom Umzug betroffenen Mitarbeiter
- 22. März Bekanntgabe der Einzelheiten der neuen Organisation auf einer Betriebsversammlung
- 1. April Inkrafttreten der neuen Organisation (Neuordnung der Geschäftsleitung)

Das auf den ersten Blick geänderte Layout (Marginalspalte) sowie der Einsatz der Tabelle sind nur zwei Aspekte. Viel wichtiger ist die Analyse der Information und die daraus abgeleitete Strukturierung in Themenblöcke (Informationsmodule).

2.3 Sieben Prinzipien

Einleitung

Für die Informationsaufbereitung nach IMAP gelten sieben grundlegende Prinzipien. Einige davon gehören zum Grundwissen eines Technischen Redakteurs. Da aber auch viele Personen in Unternehmen Dokumente schreiben, die nicht als Technischer Redakteur ausgebildet sind, bilden diese Prinzipien ein vollständiges Regelwerk zum Erstellen verständlicher Dokumente.

Prinzipien zur Informationsaufbereitung

Diese vier Prinzipien sind aus Forschungen zu Gedächtnis und Wahrnehmung des menschlichen Gehirns abgeleitet:

Prinzip	Anwendung
Gliederung	Informationen müssen in kleine Einheiten gegliedert werden, damit sie vom Leser aufgenommen werden können (7 ± 2 Regel). Sie sollten die Kapazität des Kurzzeitgedächtnisses des Lesers nicht überschreiten. Diese Regel gilt für die Länge von Fließtext, Listen und die Größe von Tabellen gleichermaßen.
Betitelung	Titel sind Navigationshilfen, die den Leser komfortabel durch ein Dokument führen und ihn selektiv auf gesuchte Information zugreifen lassen. Titel kündigen Inhalt und/oder Zweck der Information an. Jede Informationseinheit hat einen Titel.
Relevanz	Innerhalb eines Blockes / einer Map wird nur ein Thema behandelt. Was nicht direkt zum Thema gehört, hat nichts in diesem Block / dieser Map / diesem Dokument verloren. „Nice-to-have"-Information ist nicht erwünscht.
Einheitlichkeit	Einheitliche Formulierungen, Begriffe (Terminologie), Darstellungen und einheitliches Layout verwenden.

Drei unterstützende Prinzipien

Die folgenden drei Prinzipien unterstützen die Darstellung und Strukturierung der Information:

Prinzip	Anwendung
Auswahl des optimalen Informationsträgers	Je nach Art der Information sind jeweils unterschiedliche Informationsträger am besten geeignet, dem Leser die Information verständlich darzustellen: Text, Listen, Tabellen, Bilder, Diagramme, usw. Information Mapping empfiehlt Darstellungsarten in Abhängigkeit von der Informationsart.
Verfügbarkeit von Einzelheiten	Details stehen da, wo der Leser sie braucht und wo sie ihm nützlich sind. Je nach Zielgruppe müssen unterschiedliche Informationen zur Verfügung stehen (Vorbildung, Interessenlage, usw.). Die Verwendung von Querverweisen sollte mit Bedacht erfolgen.
Systematische Gliederung und Betitelung auf allen Ebenen	Vor allem umfangreichere Dokumentationen brauchen von vorne bis hinten eine klare Struktur, die eine problemlose Navigation innerhalb des Dokumentes ermöglicht und somit das schnelle Auffinden gesuchter Informationen sicherstellt.

Vorteile

Die Einhaltung der Prinzipien bringt folgende Vorteile:

- Durch die Einhaltung der Prinzipien wird sichergestellt, dass die Informationen benutzergerecht aufbereitet werden.
- Durch den Einsatz von vorbereiteten Templates (Map-Vorlagen) für die einzelnen Dokumentarten können Informationsmodule sehr effizient erzeugt werden.
- Die Einhaltung der sieben Prinzipien durch die Ersteller einer Dokumentation ermöglichen auch bei großen Dokumentationsprojekten einheitliche Dokumente.

2.4 Informationsstrukturierung

Einleitung

Die traditionelle Textgestaltung kennt den Absatz als die Einheit, aus der Texte aufgebaut sind. Absätze sind formal nicht definiert („da, wo man absetzt"), sodass sie die inhaltliche Strukturierung nicht unterstützen.

IMAP-Strukturierungselemente

IMAP führt neue Strukturierungselemente ein:

- Block: Der Block ist die kleinste Informationseinheit eines Dokuments und wird über einen Blocktitel in der Marginalie eingeleitet. Er enthält nur eine in sich abgeschlossene Information (Thema, Gedanke, Bild usw.).
- Map: Eine Map behandelt ein Thema und besteht meist aus mehreren Blöcken. Empfehlung: Maximal 5 bis 9 Blöcke, maximal 3 Seiten. Der Maptitel teilt dem Leser das Thema mit.
- Übersichtsmap: Die erste Map eines Abschnitts/Kapitels usw. ist eine Übersichtsmap und enthält eine tabellarische Auflistung der zugehörigen Maps (Unterabschnitte), ergänzt um die für diese Gruppe von Maps allgemein zutreffende Information, z. B. eine Kurzbeschreibung des Inhalts.

Schlüsselblock

Derjenige Block in einer Map, der die Schlüsselinformation zu einem Thema enthält, ist der so genannte Schlüsselblock. Dadurch ist es in der Analyse möglich, über die Frage nach den Schlüsselinformationen eine Map-Struktur zu ermitteln, die dann „nur noch" abgearbeitet werden muss. Der Inhalt des Schlüsselblocks wird im Maptitel wiedergegeben.

Ergänzende Blöcke

In so genannten ergänzenden Blöcken werden alle Informationen zu einem Thema in einer Map zusammengetragen, die aus Sicht des Lesers notwendig sind, um das Thema vollständig zu behandeln.

Vorteile

Diese Art der Strukturierung macht die Information modular.

- Bei der Erstellung der Informationseinheiten nach IMAP (Blöcke und Maps) werden die sieben Prinzipien angewendet.
- Die Informationsmodule „Block" und „Map" lassen sich sehr gut in eine IMAP-konforme DTD (Document Type Definition) übertragen oder auf Standard-DTDs (z. B. DITA) abbilden.
- Information Mapping schafft somit nach klaren Regeln aufgebaute Informationsmodule, um z. B. aus einem CMS automatisiert zu publizieren.

Darstellung der IMAP-Strukturen in einer DTD (Beispiel)

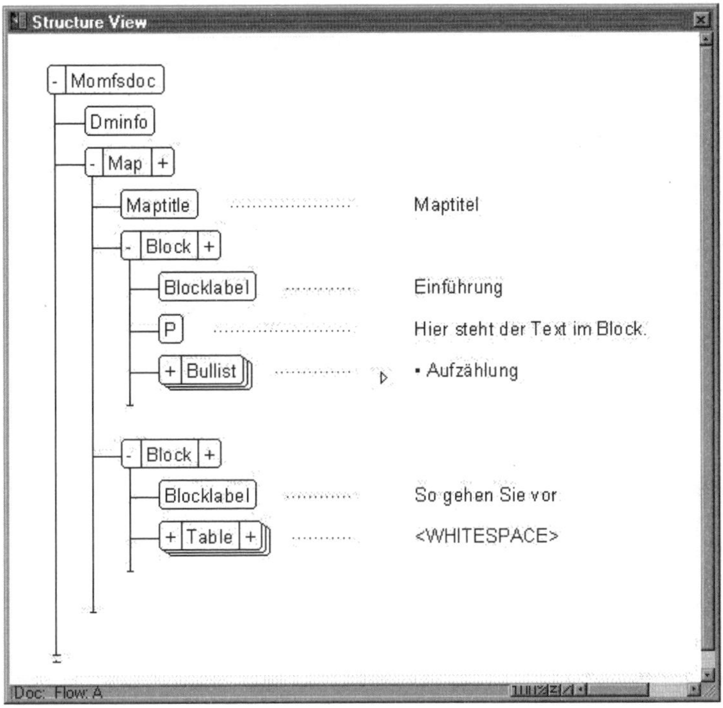

2.5 Klassifizierung in sechs Informationsarten

Einleitung

Als wesentliches Werkzeug der IMAP Methode wird die Klassifizierung der verschiedenen Informationen nach Informationsarten eingesetzt. Die Informationsart bestimmt die Art der Darstellung. Informationen werden entsprechend ihrer Informationsart optimal dargestellt.

Trennen von Informationen

Jede Informationsart wird in einem separaten Block bzw. in einem Schlüsselblock aufbereitet. Dadurch wird eine modulare Strukturierung erreicht. Da innerhalb eines Blocks bzw. einer Map nur jeweils ein Thema behandelt wird, bekommt jeder Leser von Dokumenten Zugriff auf die spezifischen Informationsmodule, die Antworten auf seine Fragen geben (Informationsbedürfnis). Der Autor wiederum konzentriert sich bei der Informationserstellung auch auf dieses eine Thema und schweift dadurch nicht ab.

Die Informationsart des Schlüsselblocks bestimmt die Informationsart der Map (siehe auch das "Beispiel für den Aufbau einer Anleitungsmap“). Die Strukturierung der Dokumente in Abhängigkeit von den Informationsarten nimmt dem Leser den wesentlichen Teil der Analysearbeit ab.

Informationsarten

Mehr als 90 Prozent aller Informationen können sechs verschiedenen Informationsarten zugeordnet werden. Informationen geben Antwort auf mögliche Leserfragen („Imaginärer Dialog“ und Interviews).

Jede Informationsart gibt Antwort auf eine andere „**W**-Frage":

Informationsart	Frage	Darstellungsart, z. B.
Anleitung	Wie mache ich das? Wie muss ich vorgehen, wenn ...?	Schritttabelle Entscheidungstabelle Flussdiagramm
Prozess	Wie funktioniert ...? Was geschieht ...? Was geschieht, wenn ...?	Stufentabelle Tabelle Ursache/Wirkung Ablaufdiagramm Blockdiagramm Beschreibender Text
Struktur	Wie sieht es aus ...? Welche Teile hat ...? Wo ist es angeordnet?	Grafik Grafik mit Legende
Begriff	Was ist das? Was bedeutet ...?	Text in Form von: Definitionen Erläuterungen Beispielen
Prinzip	Was muss ich beachten, wenn ...? Was darf ich nicht tun? Was muss ich tun?	Text in Form von: Sicherheitshinweisen mit Piktogramm Regeln Vorschriften Normen Voraussetzungen
Fakt	Wie groß, wie schwer ... ist das? Wann wurde ...? Was sind die Daten?	Daten, Aussagen, Fakten in Form von: Tabellen Listen Text

Beispiel für den Aufbau einer Anleitungsmap:

Parameter ABC konfigurieren (Maptitel)

Einleitung

Begriff
Definition, was Parameter ABC macht.

Voraussetzungen

Prinzip
Regeln und Voraussetzungen, die bei der Konfiguration beachtet werden müssen.

Prinzip
Sicherheitshinweis, falls nötig.

Zusatzinformationen

Fakten
Wichtige Zusatzinformation zum Parameter ABC.

Vorgehensweise

Anleitung (Schlüsselblock)
Die Schritt-für-Schritt-Anleitung zur Konfiguration des Parameters ABC in Form einer Schritttabelle:

Schritt	Tätigkeit
1	Öffnen Sie das Menü ...
2	Klicken Sie auf die Schaltfläche ...

Beispiel

Begriff
Evtl. Beispiel, das die beschriebene Konfiguration verständlicher und praxisbezogener macht.

Einfluss auf das Gesamtsystem

Prozess
Hinweise zu funktionalen Zusammenhängen bei der Konfiguration des Parameters ABC.

Nächste Schritte

Fakt
Angabe nächster Schritte (Querverweise auf weitere Maps), die nachfolgend bearbeitet werden können.

Vorteile

- Die Klassifizierung von Informationen in sechs Informationsarten ist das entscheidende Werkzeug zur modularen Aufbereitung der Informationen.
- Hinter jeder Map verbirgt sich eine mögliche Frage des Lesers zu einem Thema.
- Hinter jedem Block verbirgt sich eine mögliche Frage des Lesers zum Thema der Map.
- Im Schlüsselblock ist die Kerninformation zu einem Thema aufbereitet.

2.6 Analyse der Leserbedürfnisse

Einleitung

Bei der Aufbereitung und Analyse der Informationen kommt bei der Information Mapping Methode die so genannte A+K Analyse zum Einsatz:

A = Anleitungen

K = Kenntnisse

Mittel der A+K Analyse ist der „Imaginäre Dialog", der zwischen Verfasser und einem fiktiven Leser geführt wird.

Fragen des Lesers

Die Analyse liefert durch den „Imaginären Dialog" Antworten auf die folgenden Fragen:

„Was will der Nutzer tun können", also die Antworten auf alle „A-Fragen":

- „Wie gehe ich vor, um ...? "
- „Was mache ich, wenn ... ?"

Die Antworten sind Anleitungen (A), die dem Nutzer gegeben werden müssen (Einbauanleitung, Bedienungsanleitung, Serviceanleitung etc.).

„Was will der Nutzer wissen", also die Antworten auf alle „K-Fragen":

- „Wie sieht es aus?"
- „Wie funktioniert es?"
- „Was darf ich nicht tun, was muss ich tun?"
- „Was bedeutet es?"
- „Wie groß ist es?"

Die Antworten sind Kenntnisse (K), die dem Nutzer vermittelt werden müssen (z. B. Funktionsbeschreibung, Sicherheitsinstruktion, technische Daten, Ersatzteilliste, Explosionsbild usw.).

Auf jede Frage des „Imaginären Dialogs" muss eine Antwort gegeben werden, um die Leserbedürfnisse zu erfüllen und das Dokument vollständig zu machen.

Bestimmte Antworten zu den Fragen des „Imaginären Dialogs" sind so wichtig, dass sie als Schlüsselinformation deklariert werden. Jede Schlüsselinformation bildet einen Schlüsselblock und ist Kern einer Map.

Durchführung

Die A+K Analyse sollte nicht allein vom Verfasser des Dokuments durchgeführt werden. Es empfiehlt sich, ein Meeting vor Erstellungsbeginn einer umfangreichen Dokumentation einzuberufen (Kick-off-Meeting).

Teilnehmer können sein:

- Technische Redakteure,
- Projektleiter,
- Entwickler, Konstrukteure, Servicetechniker,
- Produktmanager,
- Anwender (sofern realisierbar).

Input für die A+K Analyse sind vorhandene Basisinformationen (z. B. Spezifikationen) bzw. andere Dokumente mit vergleichbarem Informationsgehalt und das Wissen der Teilnehmer zu Thema, Produkt und Nutzer.

Ergebnis

Das Ergebnis der A+K Analyse liefert eine Liste von Schlüsselinformationen, die jeweils einer zu schreibenden Map entsprechen. Diese Mapliste kann in eine logisch-sachliche Mapstruktur umgesetzt werden. Es entsteht somit eine aus Lesersicht generierte Dokumentstruktur.

Hier kann als Hilfsmittel auch Metaplan-Technik oder Mind Mapping eingesetzt werden.

3 Anwendung der IMAP-Methode

Einleitung

Die vorstehenden Seiten beschreiben die einzelnen Werkzeuge der IMAP-Methode. Die Anwendung im konkreten Dokumentationsprojekt ist nachfolgend kurz beschrieben.

Praktische Anwendung

Die Anwendung der IMAP-Methode bei der Erstellung eines Dokuments läuft in der Regel wie folgt ab:

Stufe	Beschreibung	Bemerkung
1	Input sammeln und sichten, Interviews durchführen	Spezifikation, Pflichtenheft, Vorgängerdokumentation, Angebot, Produktblätter, Datenblätter
2 2a 2b 2c 2d	A+K Analyse durchführen: Mögliche Fragen des Lesers analysieren – Anleitungen auflisten – Kenntnisse auflisten Informationsart der Informationen bestimmen. Schlüsselinformationen erkennen und zu Schlüsselblöcken/ Maps „erklären". Maps in sinnvolle Hierarchie (Abschnitte/ Kapitel) ordnen und damit die Dokumentstruktur entwerfen.	Meeting Als Hilfsmittel evtl. verwenden: - Metaplan-Technik - Mind Mapping - Excel-Tabelle
3	Maps schreiben/layouten, dabei die sieben Prinzipien anwenden und die empfohlene Darstellungsart entsprechend der Informationsart einsetzen, oder z. B. Inhalte in XML-basierten Content Management Systemen aufbereiten (Datenbanken).	Gemäß Template: – Schritttabellen für Anleitungen – Bilder für Strukturen – Stufentabellen für Prozesse – Listen für Fakten
4	Übersichtsmaps erstellen	Abschnitte, Kapitel
5	Dokument nach üblichem Redaktionsprozess bearbeiten und fertig stellen (Freigabeprozess etc.).	Auf Einhaltung der IMAP-Regeln prüfen (Qualitätssicherung)

4 Nutzen und Einsatzgebiete

4.1 Was erreichen wir mit der Anwendung der Information Mapping-Regeln?

Wichtigste Ergebnisse

Das wichtigste Ergebnis ist ein konsistentes Vorgehen beim Aufbereiten und Präsentieren von Information.

Das ermöglicht:

- Klarheit und Effektivität,
- leichte Navigation und Orientierung,
- schnelles Erfassen des Wesentlichen,
- gezielten Zugriff auf die gesuchten Informationen,
- selektive Lesbarkeit,
- Modularität.

Was bringen Strukturierung und Analyse?

Der Autor übernimmt den Erschließungsaufwand, den der Leser ansonsten selbst leisten müsste.

Ein Block, ein Thema, eine Informationsart: Durch die Anwendung der Prinzipien, die Durchführung der Analyse und die Klassifizierung in Informationsarten erreicht der Autor eine Strukturierung der Information in Module.

Vorteile modularer Strukturen

Modulare Blöcke und Maps können leicht ausgetauscht und aktualisiert werden, denn sie sind an ein einziges Thema gebunden.

Modulare Dokumente sind qualitativ hochwertige Information. Sie stellen eine hervorragende Basis für das Informationsmanagement dar, denn sie sind leicht in Datenbanken abzulegen und wiederzufinden.

Auch die Übersetzbarkeit und der Aufbau eines automatisierten Übersetzungsprozesses wird dadurch wesentlich erleichtert.

4.2 Information Mapping in der Unternehmenskommunikation

Warum Information Mapping in der Unternehmenskommunikation?

Die bereits genannten Probleme bei der Informationserstellung können in vielen Unternehmen erhebliche Kosten verursachen, z. B. erhöhte Zeitaufwände beim Schreiben und Lesen, Wettbewerbsnachteile und ggf. Know-how-Verluste.

Standardisierung

Viele Unternehmen haben die Problematik einer einheitlichen, an Qualitätsmerkmale gebundenen Unternehmenskommunikation erkannt. Einige haben mit hohem Aufwand versucht, eigene Richtlinien zu entwickeln.

Mit Information Mapping steht ein wissenschaftlich fundierter, weltweit genutzter und über Jahre erfolgreich getesteter Standard zur Verfügung. IMAP ist leicht zu erlernen und kann den individuellen Bedürfnissen eines Unternehmens angepasst werden.

Alle wichtigen Dokumente in der Unternehmenskommunikation können nach den IMAP-Regeln „gemappt" und damit für den Leser optimiert werden.

Tor zum Wissensmanagement

Die Beschränkung auf das Wesentliche, die Modularisierung von Inhalten und die konsequente inhaltlich bezogene Betitelung machen „gemappte" Information zur bestmöglichen Basis für ein unternehmensweit betriebenes Wissensmanagement.

4.3 IMAP im Informations- und Wissensmanagement

Voraussetzungen

Informations- und Wissensmanagement setzt gemeinsam genutzte Informationsspeicher voraus (CMS, DMS, Intranet). Hier werden Informationen abgelegt und abgerufen.

Effizient ist ein Informationsspeicher, wenn

- eine Information dort nur einmal vorhanden ist. Dann ist sie am leichtesten aktuell zu halten und zur Verfügung zu stellen.
- eine Information modular ist. Dann kann sie mit anderen Modulen zu neuen Inhalten kombiniert werden.
- die Information basierend auf Standards, z. B: DITA (Darwin Information Typing Architecture), abgelegt ist.
- die Information in einem Format vorliegt, das die Ausgabe in verschiedenen Medien gestattet (für Internet, Intranet, Papier, CD-ROM).
- die abgelegte Information nach einheitlichen Regeln erstellt ist.

Lösungsansatz: Informationsmodule als Grundelemente für das Informationsmanagement

Die Basis für qualitativ hochwertige Information sind Informationsmodule.

Datenbanken und Content Management Systeme benötigen zur Verwaltung von Information inhaltlich erschließbare Textmodule, nicht geschlossene Einzeldokumente. Damit diese Informationsmodule in Datenbanken gefunden werden können, müssen sie „möglichst viel über sich selbst wissen". Das heißt, sie müssen mit Eigenschaften oder Attributen versehen sein, die gezielt gefunden werden können.

Die Regeln, nach denen Blöcke und Maps erstellt werden, lassen sich gut in XML abbilden (IMAP-konforme DTD, DITA). Dies gewährleistet:

- unternehmensweite Einheitlichkeit. Wer Information produziert, tut dies nach den in der DTD festgelegten Vorgaben in Qualität und Layout.
- Autorenführung, Autoren halten während des Schreibens die Block- und Mapstruktur ein.
- die Publikation eines Inhaltes in jedem beliebigen Medium (Papier, CD-ROM, Intranet, Internet).
- die Möglichkeit, Information aus einer einzigen, aktuellen Quelle zu publizieren.

Generelles zu XML und Information Mapping

Auch wenn XML heute für viele Unternehmen (noch) kein Thema ist, ist es ein Wertgewinn, modulare Information zu erstellen.

Hochwertige, modulare Information kann auch im Nachhinein leicht datenbankfähig gemacht und damit die Basis für ein Informations- oder Wissensmanagement geschaffen werden.

4.4 Wissenschaftliche Untersuchungen zu Information Mapping

Wissenschaftliche Untersuchungen

Es gibt mehr als 60 wissenschaftliche Untersuchungen zur Effektivität von Information Mapping. Sie wurden an Universitäten und Forschungseinrichtungen durchgeführt oder stammen aus Anwenderkreisen der Wirtschaft und der Industrie. Sie beschäftigen sich mit unterschiedlichen Aspekten der Methode:

- performance-orientierte und
- inhaltsorientierte Studien.

Performance-orientierte Studien

Es wurden untersucht:

Veränderungen	Autor	Ergebnis
Lesegeschwindigkeit	Holding	Verbesserung um 32 %
Lernzeit	Romiszowski Burrell	Verbesserung um 6 % Verbesserung um 50 %
Suchzeit	Ethicon-Studie Streit, Stern, Collins	81 % wesentliche Verbesserung
Schreibzeit	Holding	wesentliche Verkürzung der Schreibzeiten

Inhaltsorientierte Studien

Es wurden untersucht:

Veränderungen	Autor	Ergebnis
Verständnis von Lernstoff	Webber; Jones; Stelnicki	Zwischen 13 und 41 % bessere Testergebnisse
Beherrschung von Lernstoff	Fields	Unterschied zwischen Pretest und Posttest: Verbesserung um 53 %

Zahlreiche Studien vergleichen die inhaltliche Qualität gemappter Dokumente mit normaler Textprosa. Untersucht wurden z. B. Detailtreue, Übersichtlichkeit, subjektive Leserbewertungen, Anzahl von Rückfragen bei den Verfassern etc. Alle Studien betrachten Information Mapping als überlegen gegenüber herkömmlichen Textformen.

5 Was sind bekannte Kritikpunkte?

Lizenzierte Methode

Natürlich gibt es auch Argumente gegen die Information Mapping Methode. Aus der Sicht eines lernbegierigen Autors, der sie gerne erlernen möchte, sollte sie frei verfügbar sein. Information Mapping ist eine rechtlich geschützte Marke. Der Urheber der Methode, Prof. Robert E. Horn, hat die Methode als lizenziertes Seminar-Produkt weltweit auf den Markt gebracht. Schulung und Verbreitung darf deshalb nur durch lizenzierte und zertifizierte

Distributionspartner von Information Mapping Incorporated (Waltham/USA) erfolgen. Die Vervielfältigung und Weiterverwendung der hier enthaltenen Informationen ist deshalb ebenfalls nicht gestattet!

Ergebnis gemappte Information

Gemappte Information bedeutet nicht immer weniger Seiten. Die übersichtliche Strukturierung, das leserfreundliche Layout und die Auswahl geeigneter Darstellungsmethoden benötigt ab und zu etwas mehr Platz, reduziert aber in den meisten Fällen trotzdem die Textmenge.

Die Vorteile für den Leser sind jedoch wesentlich gewichtiger. Die schnelle Zugriffsmöglichkeit, die erhöhte Verständlichkeit der Information und die bessere Lesbarkeit unterstützen den Leser bei der Informationsaufnahme enorm.

6 Quellen

6.1 Literatur

Böhler, Klaus 1997: Information Mapping. Die Methode zur Erstellung strukturierter Dokumente. In: tekom nachrichten 5, S. 4-6.

Böhler, Klaus 2001: Modulare Informationseinheiten nach Information Mapping als Basis für effizientes Informationsmanagement. Lübeck: In: Hennig, J./ Tjarks-Sobhani, M. (Hgg.): Informations- und Wissensmanagement für technische Dokumentation. Schmidt-Römhild. S. 126-139. (tekom – Schriften zur technischen Kommunikation, Bd. 4).

CARSTENS + PARTNER GmbH 1999: Die Information Mapping Methode. 30 Jahre Forschung. Ein Überblick. (Deutsche Übersetzung). München.

Horn, Robert E. et al. 1969: Information Mapping for Learning & Reference.

Horn, Robert E. 1976: How to Write Information Mapping.

Horn, Robert E. 1989: Mapping Hypertext.

Horn, Robert E. 1992: How High Can it Fly.

Information Mapping Inc. (ed.) 1999: The Information Mapping Method - 30 Years of Research. Research Paper and Notes. Waltham, MA, USA.

Müller, Roland et al. 2000: Einführung in die Information Mapping Methode. In: WEKA-Praxishandbuch Technische Dokumentation, Band 3, Kapitel 8.2.7.8.

Siegel, Siegfried 2008: DITA und Information Mapping. Ein Regelwerk für DITA. In: technische kommunikation 3, Jg. 30, S. 57 ff.

6.2 Internetquellen

www.infomap.com

www.carstens-techdok.de

Die Autoren: Biografische Notizen

Klaus Böhler, geb. 1953 in Bregenz/Österreich, absolvierte eine Ausbildung zum Maschinenbau-Ingenieur (HTL) und ist seit 31 Jahren Technischer Redakteur. Seit über 22 Jahren ist er bei CARSTENS + PARTNER GmbH beschäftigt. Seit 18 Jahren ist er als Redaktionsleiter für die Abwicklung komplexer Dokumentationsprojekte verantwortlich. Seit 1996 ist er zertifizierter Information Mapping-Trainer und hat die Methode in weit über hundert Seminaren geschult. Zu seinen Aufgabengebieten zählt auch die Beratung rund um IMAP und das Erstellen von Konzepten für Informationsmanagement-Lösungen auf der Basis der Strukturierungsmethode Information Mapping.

Prof. Sissi Closs, geb. 1954, Diplom-Informatikerin, gehört zu den führenden Experten für topicorientierte Strukturierung und XML in Deutschland. Mitinhaberin und Geschäftsführerin der Firmen Comet Computer und Comet Communication. Seit 1997 ist Sissi Closs Professorin für Informations- und Medientechnik an der Hochschule Karlsruhe – Technik und Wirtschaft. Sie lehrt Online-Dokumentation, SGML/XML und eLearning. Bekannt wurde Sissi Closs auch durch die in ihren Unternehmen gelebte Firmenkultur, deren wesentliche Grundprinzipien Flexibilität und Innovation sind.

Dietrich Juhl, geb. 1951, arbeitet seit 1980 in der Technischen Dokumentation. Als Technischer Redakteur, Mitbegründer und Geschäftsführer des Dienstleistungsunternehmens tecteam GmbH, Entwickler und Dozent in Ausbildungen und Seminaren hat er die Entwicklung der Technische Dokumentation in Deutschland maßgeblich mitgestaltet. Seine Schwerpunkte sind verständliche Anleitungen und das strukturierte Schreiben. Heute arbeitet Dietrich Juhl als freier Autor, Berater und Dozent.

Dr. Manfred Krüger, geb. 1941. Inhaber der MID/Information Logistics, St. Leon-Rot bei Heidelberg. Seit mehr als 25 Jahren konzipiert und entwickelt er in und mit seiner Firma SGML/XML-basierte Dokumentations- und Publikationssysteme in unterschiedlichen Industriebereichen. Ursprünglich erlernte er den Beruf des Verlagsbuchhändlers und übte ihn in wissenschaftlichen Verlagen aus. Er studierte später Betriebswirtschaftslehre und arbeitete als wissenschaftlicher Mitarbeiter an der Universität Mannheim, wo er auch zum Dr. rer. oec. promoviert wurde. Seine gegenwärtigen Tätigkeitsschwerpunkte liegen im Bereich des Informationsdesigns und der automatisierten Dokumentenproduktion auf der Grundlage von XML und der daran anknüpfenden Standards.

Prof. Dr. Anne Lehrndorfer, geb. 1967. Studium der Psycholinguistik, Psychologie und Phonetik sowie Aufbaustudiengang Computerlinguistik, 1986 Promotion an der Universität München zum Thema Kontrollierte Sprache in der Technischen Dokumentation. Sie ist Dozentin an der Hochschule Ulm, im Kontaktstudium der Hochschule Karlsruhe und seit Oktober 2007 Professorin an der Hochschule für Angewandte Sprachen – Fachhochschule des SDI München, wo sie wesentlich an der Konzeption der beiden Studiengänge zur Technischen Kommunikation beteiligt war. Zudem ist sie Industrieberaterin mit den Schwerpunkten Informationsentwicklung, Technische Kommunikation und Firmenkommunikation.

Prof. Jürgen Muthig, geb. 1961. Studium der Germanistik, Geschichte und Philosophie an den Universitäten Frankfurt, Tübingen und der Tufts University in Boston (Mass., USA). Anschließend freiberuflicher Berater und Dozent für Standardisierung in der Technischen Dokumentation. Geschäftsführender Gesellschafter der Tanner Consulting GmbH. Seit 1997 Hochschullehrer für das Fachgebiet Technische Kommunikation an der Hochschule Karlsruhe – Technik und Wirtschaft. Leiter des berufsbegleitenden Kontaktstudiums Technische Dokumentation. Seit 2008 Vorsitzender der Gesellschaft für Technische Kommunikation – tekom. Arbeits- und Interessenschwerpunkte sind Standardisierungsmethoden, Verständlichkeitsforschung, Usability Engineering.

Dipl.-Üb. Ursula Reuther, geb. 1959. Studium der Angewandten Sprach- und Übersetzungswissenschaften an der Universität des Saarlandes. Wissenschaftliche Mitarbeiterin am Institut für Angewandte Informationsforschung (IAI). Seit 1986 tätig im Bereich Sprachtechnologie für Forschung und Industrie. Arbeits- und Interessensschwerpunkte sind Sprachprüfwerkzeuge, Kontrollierte Sprache und Terminologie.

Prof. Robert Schäflein-Armbruster, geb. 1958. Studium der Germanistik, Geschichte und Philosophie an der Universität Tübingen. Ab 1990 freiberuflicher Berater für technische Dokumentation und geschäftsführender Gesellschafter der Tanner Consulting GmbH. Seit 1997 Professor für technische Dokumentation und Usability Engineering an der Hochschule Furtwangen, Prodekan der Fakultät Product Engineering/ Wirtschaftsingenieurwesen, Leiter Usability-Labor. 2007 Mitbegründer der SCHMELING + CONSULTANTS GmbH, Unternehmensberatung für Technische Dokumentation und Information in Heidelberg.

Prof. Dr. Wolfgang Ziegler, geb. 1966, studierte Physik an der Universität Würzburg und promovierte 1997 in theoretischer Physik. Seit 1997 beschäftigt er sich mit der Konzeption und Einführung von SGML/XML-Informationssystemen in der technischen Dokumentation mit dem Schwerpunkt Maschinen- und Anlagenbau. Seit 2003 ist er Professor im Studiengang Technische Redaktion an der Hochschule Karlsruhe. Er ist dort für die Themen Informations- und Content Management zuständig und lehrt XML-basierte Informationsverarbeitung sowie CMS-Einführungsprozesse und -Methoden. Er begleitet als CMS-Experte und als einer der führenden unabhängiger Berater Unternehmen bei der Auswahl und Einführung von Informations- und Redaktionssystemen. 2005 entwickelte er im Rahmen der ersten CMS-Studie mit der tekom u. a. das Vorgehensmodell zur CMS-Einführung.

Schriften zur Technischen Kommunikation

herausgegeben von Jörg Hennig und Marita Tjarks-Sobhani

Band 1 Jörg Hennig/Marita Tjarks-Sobhani (Hrg.):
Verständlichkeit und Nutzungsfreundlichkeit von technischer Dokumentation.
Lübeck: Schmidt-Römhild, 1999. ISBN 3-7950-0750-X

Band 2 Carl-Otto Bauer:
Rechtliche Anforderungen an Benutzerinformationen.
Lübeck: Schmidt-Römhild, 2000. ISBN 3-7950-0759-X

Band 3 Jörg Hennig/Marita Tjarks-Sobhani (Hrg.):
Qualitätssicherung von technischer Dokumentation.
Lübeck: Schmidt-Römhild, 2000. ISBN 3-7950-0766-X

Band 4 Jörg Hennig/Marita Tjarks-Sobhani (Hrg.):
Informations- und Wissensmanagement für technische Dokumentation.
Lübeck: Schmidt-Römhild, 2001. ISBN 3-7950-0774-7

Band 5 Stefan Zima:
Kommunikation in der Technik. Motortechnik und Sprache.
Lübeck: Schmidt-Römhild, 2002 ISBN 3-7950-0779-8

Band 6 Jörg Hennig/Marita Tjarks-Sobhani (Hrg.):
Lokalisierung von Technischer Dokumentation.
Lübeck: Schmidt-Römhild, 2002 ISBN 3-7950-0789-5

Band 7 Jörg Hennig/Marita Tjarks-Sobhani (Hrg.):
Visualisierung in Technischer Dokumentation
Lübeck: Schmidt-Römhild, 2003 ISBN 3-7950-7001-5

Band 8 Jörg Hennig/Marita Tjarks-Sobhani (Hrg.):
Technische Kommunikation – International
Lübeck: Schmidt-Römhild, 2005 ISBN 3-7950-7019-5

Band 9 Jörg Hennig/Marita Tjarks-Sobhani (Hrg.):
Technical Communication – international
Lübeck: Schmidt-Römhild, 2005 ISBN 3-7950-7020-1

Band 10 Jörg Hennig/Marita Tjarks-Sobhani (Hrg.):
Aus- und Weiterbildung für Technische Kommunikation.
Lübeck: Schmidt-Römhild, 2006 ISBN 3-7950-7030-9

Band 11 Jörg Hennig/Marita Tjarks-Sobhani (Hrg.):
Usability und Technische Dokumentation.
Lübeck: Schmidt-Römhild, 2007
ISBN 10: 3-7950-7041-4 / ISBN 13: 978-3-7950-7041-0

Band 12 Jörg Hennig/Marita Tjarks-Sobhani (Hrg.):
Terminologiearbeit für Technische Dokumentation.
Lübeck: Schmidt-Römhild, 2008, ISBN 978-3-7950-7052-6

tekom-Hochschulschriften

herausgegeben von Jörg Hennig und Marita Tjarks-Sobhani

Band 1 Peter Stadtfeld:
Didaktische Kriterien zur Strukturierung von Bedienungsanleitungen. Eine exemplarische Analyse von Software-Bedienungsanleitungen.
Lübeck: Schmidt-Römhild, 1999. ISBN 3-7950-0744-X

Band 2 Anneke Bosse:
Der Umgang mit Fachausdrücken in Bedienungsanleitungen für Personenkraftwagen. Darstellung und Bewertung fachexterner Vermittlungsstrategien.
Lübeck: Schmidt-Römhild, 1999. ISBN 3-7950-0746-X

Band 3 Sandra Knopp:
Aufbau, Gestaltung und Struktur von Online-Hilfesystemen. Im Kontext der Mensch-Computer-Interaktion.
Lübeck: Schmidt-Römhild, 2000. ISBN 3-7950-0757-X

Band 4 Ralf Geyer:
Evaluation von Gebrauchsanleitungen. Testverfahren und ihre praktische Anwendung.
Lübeck: Schmidt-Römhild, 2000. ISBN 3-7950-0760-X

Band 5 Martin Riegel:
Technische Kurzanleitungen. Eine Entwicklungsmethodik zur nutzergerechten Gestaltung.
Lübeck: Schmidt-Römhild, 2001. ISBN 3-7950-0768-X

Band 6 Christian Bartsch:
Die Verständlichkeit von Software-Hilfesystemen. Eine sprachwissenschaftliche Analyse am Beispiel von Microsoft Word 2000.
Lübeck: Schmidt-Römhild, 2001. ISBN 3-7950-0770-4

Band 7 Anja Edelmann:
Hypertextbasierte Softwaredokumentation. Eine experimentelle Untersuchung zur Rezeption.
Lübeck: Schmidt-Römhild, 2003. ISBN 3-7950-0794-1

Band 8 Müslüm Çap:
Maschinelle Übersetzung auf dem Prüfstand. Eine Evaluierung von Personal Translator 2002 Office Plus Englisch.
Lübeck: Schmidt-Römhild, 2003. ISBN 3-7950-0799-2

Band 9 Werner Schweibenz:
Computerterminologie als Benutzungsbarriere. Eine Studie über die Benutzbarkeit von Online-Hilfeinformationen in *Microsoft PowerPoint*
Lübeck: Schmidt-Römhild, 2004. ISBN 3-7950-7003-1

Band 10 Cornelia Kühn:
Handlungsorientierte Gestaltung von Bedienungsanleitungen
Lübeck: Schmidt-Römhild, 2004. ISBN 3-7950-7008-2

Band 11 Sven Pieper:
Funktion und Profession Technischer Redakteure
Lübeck: Schmidt-Römhild, 2004. ISBN 3-7950-7011-2

Band 12 Clemens Schwender (Hrsg.):
Technikdokumentation für Senioren
Lübeck: Schmidt-Römhild, 2005. ISBN 3-7950-7026-0

Band 13 Viktoria Klemm:
Verwendungssituation und Textgestalt. Analysen von Betriebsanleitungen für Personenkraftwagen.
Lübeck: Schmidt-Römhild, 2005. ISBN 3-7950-7027-9

Band 14 Michael Fritz / Claus Noack:
Die Gesellschaft für technische Kommunikation e. V. – tekom. Entstehung und Entwicklung eines Berufsverbandes
Lübeck: Schmidt-Römhild, 2007. ISBN 978-3-7950-7049-6

Band 15 Ulrich Bühring/Clemens Schwender:
Lust auf Lesen. Lesemotivierende Gestaltung Technischer Dokumentation.
Lübeck: Schmidt-Römhild, 2007. ISBN 978-3-7950-7050-2

Band 17 Anna Astapenko:
Lokalisierung komplexer Softwaresysteme
Technik – Sprache – Kultur.
Lübeck: Schmidt-Römhild, 2008. ISBN 978-3-7950-7054-0

Band 18 Monika Reck:
Internationale Kundenanforderungen an die Technische Dokumentation von Produktionsmaschinen
Lübeck: Schmidt-Römhild, 2008. ISBN 978-3-7950-7062-5